Sally Coulthard

Am Anfang war das Huhn

Geschichte eines Charaktertiers

Aus dem Englischen von Andrea Kunstmann

HarperCollins

Die englische Originalausgabe erschien 2022 unter dem Titel »Fowl Play. A History of the Chicken from Dinosaur to Dinner Plate« bei Head of Zeus Ltd, einem Imprint von Bloomsbury Publishing Plc, London.

2. Auflage 2024

Valentinskamp 24 · 20354 Hamburg
info@harpercollins.de
Gesetzt aus der CMU Serif von Corinna Gathmann
Druck und Bindung von GGP Media GmbH, Pößneck
Printed in Germany
ISBN 978-3-365-00486-9
www.harpercollins.de

Druckprodukt mit finanziellem Klimabeitrag
ClimatePartner.com/15109-2009-1001

MIX Papier
FSC FSC® C014496

Für Madeleine, Isabella und Emma

Götter und mehr noch Menschen sind wundersam
und wundersamer noch Henne und Hahn.

William Blake (1757–1827)

Das Lavendel-Pekin-Huhn

Einführung

Es regnet, weswegen die Hühner sehr ungehalten dreinblicken. Sie rücken am Scheunentor zusammen wie missmutige Rentner in einem Bushäuschen. Ihr Federkleid erscheint mir für englisches Wetter denkbar ungeeignet. Der Winter muss auf Geschöpfe, die aus den warmen Wäldern Südostasiens stammen, sehr verstörend wirken. Dennoch versucht unser prächtiger Hahn Andy, die Hennen bei Laune zu halten, indem er wie ein kecker Matrose unermüdlich aufreizend vor ihnen herumtanzt, mit seitlichen Hüpfern, einen Flügel abgespreizt. Auch können nur wenige seiner Damen ihm widerstehen, wenn er sie mit leisem Gackern gewissenhaft auf einen gerade entdeckten Leckerbissen aufmerksam macht.

Den Hahn hat meine jüngste Tochter nach meinem Vater Andrew getauft, einem sehr charakterstarken und freundlichen Menschen. Andy ist bei uns geschlüpft, und ihn per Hand aufzuziehen, fanden wir ein interessantes Projekt. Nutztieren Namen zu geben, ist allerdings fatal, denn wenn die Natur zuschlägt und sie einem eines nach dem anderen wieder wegnimmt, sozusagen als Lektion gegen ihre Bevorzugung, bricht es einem fast immer das Herz. Völlig unerwartet hat Andy sich als unbezähmbar und zugleich ausgesprochen zahm erwiesen. Unser Hof verfügt nun über einen Hahn, der seine Hühnerschar mit selbstloser Tapferkeit beschützt, aber nicht zu stolz ist, um sich auf dem Fenstersims kauernd den Kehllappen kraulen zu lassen. Ich kenne keinen anderen Hahn, den man mütterlich in den Arm nehmen und wiegen kann wie ein moppeliges Baby.

Ich habe in meinem Leben schon Dutzende Hühner besessen, und jedes hatte seinen ganz eigenen Charakter. Wie bei Menschen sind manche besonders erinnerungswürdig und sympathisch. Eine fette Maran-Henne namens Brenda schien die Mädchen ihren eigenen Artgenossinnen vorzuziehen und wich ihnen immer nur kurz von der Seite, um ein schokoladenbraunes Ei zu legen. Eingebunden in die stundenlangen Rollenspiele der Kinder nahm sie an Einladungen zum Tee und Tipi-Abenteuern teil, und ich werde nie vergessen, wie sie auf einem Plastikschlitten über eine schneebedeckte Wiese fuhr und ihm nach dem Anhalten wieder entstieg, um weiter vor sich hin zu picken, als wäre nichts geschehen.

Einmal erbten wir zehn schneeweiße Dorking-Hühner von einer Respekt einflößenden, aber gutherzigen Witwe, die in einem riesigen Landhaus lebte. Wie der Pekinese von Mrs. Pumphrey aus *Der Doktor und das liebe Vieh* hatten sie nie etwas anderes als Luxus gekannt und legten ihre makellosen weißen Eier nur, wenn sie gerade Lust dazu hatten und man sie mit dem erlesensten Futter versorgte. Doch offenbar verfügten sie aufgrund ihrer behüteten Kindheit über eine robuste Konstitution und wurden erstaunlich alt. Das zehnte Lebensjahr erreichten sie alle, das älteste wurde sogar 13, bevor es wörtlich von der Stange fiel.

Dann gab es da noch Cato, ein hochbegabtes Huhn der Rasse Rhode Island Red, eine Meisterin der Listen, die ständig neue und einfallsreiche Schleichwege in unser Haus fand. Durch offene Fenster und angelehnte Türen schlüpfte sie unbemerkt herein und bediente sich am Hundenapf. Sie konnte sich auch ausgezeichnet verstecken: Öffnete man einen Verschlag oder Schrank, flatterte sie einem plötzlich entgegen. Im Fußraum eines DPD-Lieferwagens schaffte es Cato sogar, einen knappen Kilometer auf der Straße zu unserem Hof zurückzulegen, bis der Fahrer aus dem Augenwinkel eine rote Feder wahrnahm und gezwungen war kehrtzumachen.

Ich halte nicht nur meine eigenen, sondern alle Hühner für ausgesprochen faszinierend. Von allen Tieren verdeutlichen sie wohl am besten, wie eigenartig und oft auch widersprüchlich das Verhältnis von uns Menschen zu anderen Spezies ist. Hühner können sowohl geliebte Haustiere als auch billige Handelsware sein. Sie stehen für das beschauliche Landleben ebenso wie für Massentierhaltung und industrialisierte Nahrungsmittel. Den meisten von uns erscheinen sie irgendwie vertraut, und doch wissen wir kaum etwas über sie. Ihre evolutionäre Vergangenheit steckt voller Überraschungen, ebenso wie ihr Weg aus der freien Natur in den Hühnerstall.

Vom Hahnenkampf zur Fleischerzeugung, vom Versuchstier zum verhätschelten Haustier: Das Huhn musste sich jeder menschlichen Laune beugen. Bedeutende Zivilisationen schätzten es als Opfertier in religiösen Riten, als Festschmaus, zum grausamen Zeitvertreib und als Statussymbol. In seinen diversen Entwicklungsstufen – Ei, Küken, Junghuhn, Henne, Hahn – hat sich dieser Vogel auch als Symbol für menschliche Beziehungen und Gefühle etabliert. Für eine ganze Bandbreite von Emotionen und Situationen nutzen wir Metaphern rund ums Huhn: gluckenhaftes Verhalten, wie ein Hühnerhaufen, Hahn im Korb, aufgeblasener Gockel und so weiter. Auch Religion und Aberglaube haben Hühner ins Rampenlicht gezerrt, ob sie das wollten oder nicht. In verschiedensten Glaubenssystemen stehen Hühner, Eier, Hähne als zentrale Sinnbilder für Wiedergeburt und Unschuld, Fruchtbarkeit, Wachsamkeit oder Schutz.

Auf der Erde gibt es über 20 Milliarden Hühner – damit kommen drei auf jeden Menschen. Ein Geschöpf, das eigentlich nicht sehr weit fliegen kann, hat es irgendwie geschafft, praktisch die ganze Welt zu besiedeln. Nur ein Kontinent, die Antarktis, ist frei von dem Nutzgeflügel. Von den frostigen Steppen Sibiriens bis zu den Falklandinseln mitten im Atlantik – überall scharren Hühner. Die Reise dieses unscheinbaren Vogels um die Welt ist untrennbar verknüpft mit dem menschlichen Entdeckerdrang, mit Wirtschaft, Handel und Ernährung. In allen Epochen waren wir und die Hühner gemeinsam unterwegs.

Darum geht es in diesem Buch.

1.
Überlebende

Die Erben des *T. Rex*

Das Bankivahuhn

An einem ganz normalen Tag vor 66 Millionen Jahren kam die Welt plötzlich zum Stillstand. Ein Asteroid von der Größe einer ganzen Stadt raste mit vierzigfacher Schallgeschwindigkeit durch die Atmosphäre und schlug auf der Erde ein. Direkt vor der mexikanischen Küste verursachte er eine Explosion, die sieben Milliarden Mal heftiger war als die in Hiroshima, und riss ein Loch von etwa 180 Kilometer Durchmesser in die Erdkruste.

Diese Kollision, die heute als Chicxulub-Impaktor bezeichnet wird, löste auf der gesamten Erdoberfläche Schockwellen aus. Erdbeben und Vulkanausbrüche rissen die Böden auf, Brände vernichteten Wälder, und riesige Tsunamis überschwemmten die Küsten. Die erste gewaltige Erschütterung war jedoch nichts gegen das, was folgte. Die Explosion setzte Milliarden Tonnen Ablagerungen und giftige Gase frei, auch Schwefel und Kohlendioxid, verpestete die Atmosphäre und ließ das Klima verrücktspielen. Drei Viertel aller Lebewesen kamen um. Die 170 Millionen Jahre dauernde Herrschaft der Dinosaurier auf unserem Planeten endete abrupt mit einer Katastrophe.

Jedenfalls fast. Eine Dinosaurierform überlebte das Massenaussterben auf wundersame Weise. Und diese Tiere waren die Vorfahren sämtlicher Vögel, die heute auf der Welt flattern, scharren und watscheln. Falls Sie darüber hinaus die Geschöpfe sehen möchten, die dem monströsen *Tyrannosaurus Rex* am ähnlichsten sind, dann finden Sie sie auf praktisch jedem Bauernhof beim Scharren: Hühner sind die Dinosaurier, die nicht ausgestorben sind.

1861 erschütterte ein in einem deutschen Steinbruch entdecktes Fossil die Wissenschaftsgemeinde. Das Fundstück, nur so groß wie eine Elster, hätte aus der griechischen Mythologie stammen können: halb Vogel, halb Reptil, ein verblüffendes Mischwesen aus Federn, Flügeln, Klauen, Zähnen und einem knöchernen Schwanz. Nur wenige Jahre zuvor hatte Charles Darwin *Über die Entstehung der Arten* veröffentlicht und das Auftauchen von *missing links* vorausgesagt, die noch fehlenden Bindeglieder in der Evolution von einer Spezies zur folgenden. Nun war eine uralte Kreatur als unübersehbarer Beweis für seine Theorie zum Vorschein gekommen. Das Fossil nannte man *Archaeopteryx*, »alte Flügel«, es markierte mit seinen 147 Millionen Jahren den Beginn des »Zeitalters der Vögel« – der Schlüsselmoment, in dem die Dinosaurier fliegen lernten.

Man geht davon aus, dass Vögel sich aus den Theropoden entwickelt haben, einer Familie der Dinosaurier, zu denen auch der furchterregende *T. Rex* und der *Velociraptor* mit seinen sichelförmigen Klauen gehören. Auch wenn sie als fleischfressende Räuber verschrien sind, hatten sie viele Eigenschaften von Vögeln, die sich seit dem Auftreten dieser Familie vor 200 Millionen Jahren nach und nach entwickelt hatten, also lange vor der Existenz des *Archaeopteryx*. Zu diesen Eigenschaften gehörten das Eierlegen, leichte und hohle Knochen, bewegliche Fußgelenke, der zweifüßige Gang und in einigen Fällen bereits Federn. So war eine Gattung des *Tyrannosaurus*, der *Yutyrannus*, offenbar von Kopf bis Fuß gefiedert, während Fossilien des *Velociraptor* zeigen, dass seine Unterarme mit Federn bestückt waren, sogenannte Protoflügel. Die meisten Paläontologinnen und Paläontologen sind inzwischen überzeugt, dass diese Federn anfangs weniger mit dem Fliegen zu tun hatten, sondern mit der Aufrechterhaltung der Körpertemperatur, ähnlich wie Körperbehaarung. Das daunenartige Federkleid verwandelte sich allmählich in flügelartige Strukturen, die ebenfalls nicht so sehr dem Fliegen als der Balz und dem Drohverhalten dienten. Die meisten der frühen Dinosaurier waren schlicht viel zu groß, um fliegen zu können.

Erst als eine bestimmte Gruppe Theropoden, darunter der *Archaeopteryx*, vor etwa 150 Millionen Jahren die vorteilhafte Kombination aus gefiederten Flügeln und einer geringeren Körpergröße entwickelte, konnte das Fliegen oder zumindest das Gleiten Realität werden. Und während der *Archaeopteryx* in der Paläontologie mehr oder weniger übereinstimmend als der erste Vogel betrachtet wird, scheinen in den 80 Millionen Jahren zwischen seinem Auftreten und dem Asteroideneinschlag zahlreiche andere prähistorische Vögel entstanden zu sein, die Seite an Seite mit den Dinosauriern existierten. Allein in den letzten 20 Jahren wurden über 300 neu entdeckte versteinerte

Vogelarten benannt, von denen viele noch ihr evolutionäres Erbe im Gepäck haben. Diese winzigen Zähne oder Klauen an den Flügeln belegen den langsamen Übergang von den Reptilien zu den Vögeln. Dass sich die Wissenschaft immer noch mit der Unterscheidung zwischen frühen echten Vögeln und vogelartigen Dinosauriern schwertut, zeigt, wie komplex und langsam diese Entwicklung vonstattengegangen sein muss.

Der Asteroid richtete rund um den Erdball Verheerungen an, der Einschlag und seine Auswirkungen sorgten für die Vernichtung fast aller Pflanzen und Tiere. Auch die entstehenden Vogelarten waren davon betroffen, wenn auch nicht alle – und das ist entscheidend. In der postapokalyptischen Natur entstanden vier unterschiedliche Linien, die Vorfahren aller heute existierenden Vögel: *Anseriformes* (zu denen die Wasservögel wie Enten, Gänse und Schwäne gehören), *Palaeognathae* (Vögel, die besser laufen als fliegen, wie Emus und Strauße), *Galliformes* (Hühnervögel wie Hühner und Fasane) sowie *Neoaves* (mehr oder weniger der gesamte Rest von Eulen bis zu Kolibris).

Genau weiß niemand, warum einige wenige Vögel den Asteroideneinschlag überlebten, doch gibt es zumindest drei Hypothesen: Eine Theorie zielt auf die Körpergröße ab, sie soll für die Fortexistenz verantwortlich sein, denn sämtliche überlebenden Arten waren nicht größer als Enten. Klein zu sein ist in zweierlei Hinsicht hilfreich: Erstens braucht ein kleines Lebewesen weniger Futter, was in einer verwüsteten Umgebung entscheidend ist. Zweitens brüten die Kleineren schneller, wodurch sich Populationen schneller regenerieren.[1]

Die zweite Hypothese lautet, nur die Bodenvögel konnten unter den neuen Bedingungen überleben, während sämtliche Tiere, die beim Futter und zum Unterschlupf auf Wälder angewiesen waren, ausstarben. Einige wenige Vogelarten könnten sich durchgeschlagen haben, indem sie in der Erde oder im Uferbereich nach Nahrung scharrten. Aufgrund von Pollenfunden, Fossilien und Erkenntnissen der modernen Vogelökologie geht die Wissenschaft davon aus, dass diese wenigen überlebenden Bodenvögel sich später weiterentwickelten und wieder sämtliche ökologischen Nischen besiedelten, die aus den Verheerungen entstanden.[2]

Die jüngste Entdeckung eines *Wonderchicken* (Wunderhuhns), das Fossil eines Vogels, der kurz vor dem Massenaussterben gelebt hat, scheint diese Theorie zu bestätigen. Das Wunderhuhn wurde in einem Steinbruch an der niederländisch-belgischen Grenze entdeckt, einer einst von flachem Meer und tropischen Stränden bedeckten Region, und an der Universität Cambridge untersucht. Seine Überreste legen nahe, dass es lange Beine wie ein Wasserläufer besaß, mit dem es an ein Leben an der Küste angepasst war, während der Schädel einen eigenartigen Mix aus Hühner- und Enteneigenschaften aufweist. Diese Entdeckung ist unter anderem deshalb so faszinierend, weil *Wonderchicken* die gemeinsame Vorfahrin von *Galliformes* und *Anseriformes* sein könnte, bevor Hühner und Enten evolutionär getrennte Wege gingen. Ein Gewicht von 400 Gramm und die Vorliebe für ein Leben am Wasser könnten dazu beigetragen haben, dass dieser Vogel dem Schicksal vieler seiner gefiederten Zeitgenossen entging.[3]

Die dritte Möglichkeit: Einige Vögel haben vor dem Einschlag eine den Kopf betreffende bahnbrechende Fortentwicklung durchgemacht. Bereits 20 Millionen Jahre vor dem Massenaussterben begannen sie ihre Dinozähne zu verlieren und Schnäbel auszubilden.[4] Mit Letzteren erschlossen sich die Urvögel vielfältigere Nahrungsquellen, darunter Früchte, Insekten und, besonders wichtig, Samen. In der Phase der Nahrungsknappheit nach der Katastrophe wurde diese generalisierte Ernährungsweise noch wichtiger. Manche Forschenden sind überzeugt davon, dass Vögel mit Schnäbeln durch die Fähigkeit, harte Samen und Nüsse zu fressen, ausreichend Futter fanden, bis die Vegetation sich langsam erholt hatte.

Mit großer Wahrscheinlichkeit war es eine Kombination aus all diesen vorteilhaften Eigenschaften, die bestimmten Vogelarten das Überleben sicherten, während so viele andere ausstarben. Beim Futter nicht wählerisch und nicht auf Wälder angewiesen zu sein, mit wenigen Kalorien zurechtzukommen sowie möglicherweise weitere Faktoren befähigten eine kleine Zahl von Vögeln, sich an immer neue Ökosysteme anzupassen. Für sie gab es nach dem Einschlag und seinen Auswirkungen eine schöne neue Welt zu erobern.

Wie passt nun das Huhn in dieses Bild? 2008 machte das Magazin *Science* eine erstaunliche Entdeckung publik: Forschenden war es gelungen, winzige Mengen nicht fossilisierten Materials im Knochen eines *Tyran-*

nosaurus Rex sicherzustellen. Zwar konnte das Labor keine DNA aus der Probe gewinnen, aber Moleküle von Kollagenproteinen. Sie wurden mit Proben von 21 existierenden Lebewesen, darunter Mensch, Schimpanse, Alligator und Lachs, verglichen, woraus die Forschenden einen auf Proteinsequenzen basierenden Stammbaum erstellten. Spezies mit ähnlichen Sequenzen mussten eng verwandt sein, während Unterschiede auf eine frühzeitige Auseinanderentwicklung hinwiesen. Moleküle des *T. Rex* bestätigten offenbar, was die Paläontologie und Fossilienjäger bereits lange vermutet hatten: Die Vögel stammten von den fleischfressenden Theropoden ab. Noch überraschender war, dass die Proteinsequenz des berühmtesten und gefürchtetsten Dinosauriers aller Zeiten am deutlichsten der des heutigen Huhns ähnelte.[5]

Die Studie rief nicht nur Begeisterung, sondern auch Widerspruch hervor: Das Material sei kontaminiert, die wissenschaftlichen Standards nicht erfüllt. Dennoch bestätigte eine neue Untersuchung von 2014 die enge Verbindung von Hühnern und Dinosauriern. An der Universität von Kent verglich man die Chromosomen mehrerer existierender Vögel – darunter Huhn, Truthahn, Pekingente, Zebrafink und Wellensittich – und stellte fest, dass die Chromosomen von Hühnern und Straußen im Vergleich mit ihren Dinosaurieranfängen am wenigsten Veränderungen aufwiesen[6]. Die Vögel, die das Massenaussterben überlebten, so nimmt man an, machten in den Jahren unmittelbar danach eine sehr rasche Entwicklung durch. Aus evolutionärer Sicht sozusagen der Jackpot, denn sie konnten sämtliche ökologische Nischen besetzen, sich schnell anpassen und in die schwindelerregende Zahl von über 10 000 Vogelarten diversifizieren, die wir heute kennen. Doch nicht alle Vögel veränderten sich gleich stark. Von allen untersuchten Klassen gehörten die Hühner zu denen, die sich genetisch am wenigsten von ihren Dinosauriervorfahren entfernt haben, trotz Jahrtausenden der Domestizierung und Züchtung.

So haben sich Hühner bei der Erforschung der Evolution der Vögel als sehr tauglich erwiesen. Nicht nur wegen ihrer Gemeinsamkeiten mit den Dinosauriern, sondern auch (und zu ihrem Nachteil), weil sie viel praktischere Versuchstiere sind als ein 100 Kilo wiegender Strauß. Wie ich später zeigen werde, ist die Forschung an Geflügel und dessen hoch technisierte Haltung ein Riesengeschäft, weswegen 2004 das Huhn mit seinem enormen kommerziellen Potenzial der erste Vogel war, dessen Genom entschlüsselt wurde. Die Verwandtschaft mit den Dinosauriern und die leichte Verfügbarkeit haben die Wissenschaft dazu verleitet, die allmähliche Entwicklung von den Theropoden zu den Haushühnern zu analysieren. Umstrittener ist, dass sie durch die Optimierung der Hühnerentwicklung, sowohl beim Embryo als auch beim geschlüpften Tier, ebenso in der Lage zu sein scheint, bestimmte längst verloren geglaubte Dinosauriereigenschaften in unseren unscheinbaren Hühnern zu neuem Leben zu erwecken.

Nehmen wir nur die Fortbewegung – darüber können Fossilien jede Menge verraten. Lange Zeit haben Forschende gerätselt, wie zweibeinige Dinosaurier, zum Beispiel der *T. Rex*, gelaufen sind. Um die Frage zu beantworten, wurden an den Universitäten von Chile und Chicago nachgebaute Dinosaurierschwänze an Hühnern befestigt und die Ergebnisse gefilmt.[7] Die einem Toilettensauger mit Holzstiel ähnelnden »Schwänze« befestigte man mit Klettstreifen an Küken und tauschte sie alle fünf Tage gegen größere aus, um beim wachsenden Huhn auch den größer werdenden Schwanz eines Theropoden nachzuahmen.

Normalerweise laufen Hühner in gebückter Haltung, mit gewinkelten Knien, den Oberschenkelknochen halten sie fast waagrecht zum Boden, und die Bewegung kommt überwiegend aus dem Kniegelenk. Die Studie konnte zeigen, dass das zusätzliche Gewicht am Hinterteil den Körperschwerpunkt und damit auch den Laufstil der Hühner veränderte. Der Schwanz bewirkte, dass sie sich nicht aus dem Knie bewegten, sondern das gesamte Bein aus der Hüfte heraus nach vorne schwangen – ähnlich wie ein Cowboy –, was auch die Beinhaltung beim Laufen begradigte. Die Gangart des *T. Rex* war entschlüsselt.

Warum aber verloren Hühner und andere Vögel ihre Dinosaurierschwänze? Kurz gesagt erschwert ein fleischiger Schwanz das Fliegen. Mit der Zeit bildeten sich die Schwänze der Theropoden zu einem Stumpf zurück, und die letzten paar Schwanzwirbel verschmolzen zu einem sogenannten Pygostyl. (Beim Brathuhn wird das fette Gewebe an diesen Knochen als Pfaffenstück bezeichnet.) Auf jeden Fall sind in

Hühnern erstaunlicherweise die genetischen Informationen erhalten geblieben, um einen langen dinoartigen Schwanz auszubilden. Hans Larsson, ein Paläontologe der McGill-Universität in Kanada, stellte 2007 fest, dass zwei Tage alte Hühnerembryonen über 16 Wirbel verfügen, neun mehr als das komplett entwickelte Küken beim Schlüpfen. Anders ausgedrückt, haben Hühnerembryonen in der Frühphase ihres Lebens noch Dinosaurierschwänze, deren Wirbel während des Wachstums wieder schwinden. Wenn es ihm gelänge, so dachte Larsson, das genetische Signal zur Rückbildung des Schwanzes auszuschalten, müsste dem Huhn ein reptilienartiger Schwanz wachsen und die Millionen Jahre dauernde Evolution der Vögel zurückgedreht werden können. Noch ist kein Küken mit einem voll entwickelten eidechsenartigen Schwanz geschlüpft, aber Larsson konnte den Hühnerschwanz immerhin schon um volle drei Wirbel verlängern.

Wenn Hühner noch die genetischen Informationen für Dinosaurierschwänze in sich trugen, so die nächste logische Überlegung der Forschenden, konnten sie dann auch andere Eigenschaften dieser Urzeittiere wieder hervorbringen? Die gefiederten Vorfahren der modernen Vögel wie der *Archaeopteryx* hatten keine Schnäbel, sondern eher Schnauzen. Um zu verstehen, wie sich eine Mundform in eine andere verwandelte, begann eine Forschungsgruppe in den USA, die Gesichtszüge von Hühnerembryonen zu manipulieren, indem sie das besondere Gen-Cluster ausschaltete, das für den Schnabel zuständig ist. Es gelang, einen Hühnerembryo mit einer dinosaurierartigen Schnauze zu erzeugen, der einem kleinen *Velociraptor* ähnelte.[8] In einer ähnlichen Studie schafften es Forschende, den Embryonen winzige kegel- bis säbelförmige Zähne wachsen zu lassen, wie man sie von Dinosaurierfossilien kannte – es waren also latente Gene vorhanden, die sich aktivieren ließen.[9] Damit war belegt, dass die modernen Vögel zwar ihre Schnauzen und Zähne mit der Zeit verloren hatten, nicht aber die prinzipielle Fähigkeit, sie auszubilden.

In den letzten Jahren hat die »Aktivierung von Atavismen«, die Wiedererweckung uralter Eigenschaften, beträchtliche öffentliche Aufmerksamkeit auf sich gezogen. Die Vorstellung, die Wissenschaft könnte mithilfe eines unscheinbaren Huhns wieder einen Dinosaurier heranzüchten, klingt ein bisschen nach *Jurassic Park.* Und doch ist das Experimentieren mit den inaktiven Bestandteilen des genetischen Codes unserer Hühner vielleicht ihre größte Chance, die Vergangenheit zu rekonstruieren. Dinosaurier-DNA erleidet zu schnell Schaden, um sie aus einem Fossil zu extrahieren, und so scheint das Herumdoktern an Hühnern die wissenschaftlich plausibelste Option. Neben früheren Eigenschaften wie Zähnen, Schnauzen und Schwänzen versucht sich die Forschung auch an den genetischen Mechanismen, um die Flügel zu Vorderarmen zurückzuentwickeln, indem sie die genetischen Informationen ausschaltet, die aus den drei »Fingern« der Dinosaurier einen modernen Flügel formen. Ebenso wird die Rückentwicklung von Federn zu Schuppen und von Hühnergliedmaßen in Theropodenbeine und -zehen provoziert. Keines dieser Experimente zielt auch nur entfernt darauf ab, ein lebendes Wesen aus den Hühnerembryonen zu erzeugen, und sollte so etwas doch passieren, dann wird das Huhn dabei eine Hauptrolle spielen. Das Zeitalter der Huhnosaurier steht uns möglicherweise noch bevor.

Eine besonders interessante und zugleich schlüpfrige Frage treibt die Paläontologie im Zusammenhang mit der Vogelevolution um: Wie hat der Hahn seinen Penis verloren? Von den Vögeln, die den Asteroideneinschlag überlebten, haben die *Palaeognathae* (Strauße und Emus) und *Anseriformes* (Wasservögel) ausgeprägte Phalli. In der Tat sind die meisten Erpel so gut ausgestattet, dass ihre korkenzieherartigen Penisse die halbe Länge ihres Körpers messen. Der Penis der Argentinischen Ruderente (*Oxyura vittata*) kann in Einzelfällen etwa so lang wie ihr Körper sein, nämlich über 40 Zentimeter. Die Natur hat sich einen besonderen Scherz erlaubt, als sie ausgerechnet dem Hahn, dessen englisches Wort *cock* umgangssprachlich für Penis genutzt wird, gar keinen solchen mehr gönnte.

Bei dieser Entmännlichung ist der Hahn allerdings nicht allein. Über 90 Prozent der männlichen Vogelpopulation haben in der Beziehung kaum etwas bis nichts vorzuweisen, obwohl sie alle auf interne Befruchtung angewiesen sind, was bedeutet, dass ihr Sperma in den Körper des Weibchens gelangen muss. Die beiden Geschlechter bedienen sich simpler Genitalöffnungen namens Kloaken, die sie zur Fortpflanzung aneinanderdrücken. Muskelkontraktionen pumpen das Sperma dann in das Weibchen, eine Bewegung, die als

»Kloakenkuss« bezeichnet wird. Die Kloake ist dieselbe Öffnung, die auch den Ausscheidungen und dem Eierlegen dient. Ein Forschungsteam unter Leitung von Martin Cohn, Biologe an der University of Florida, hat kürzlich entdeckt, dass im Hühnerei etwas vor sich geht, was die Bildung des Penis unterdrückt. In den ersten acht Tagen seiner Entwicklung wächst dem Embryo ein Penis, ähnlich wie bei der Ente, am neunten Tag kommt dieser Prozess jedoch ins Stocken, und das Genital beginnt wieder zu schrumpfen. Auslöser dafür ist der Anstieg eines Proteins namens BMP4, das die Zellen des Penis absterben lässt. Doch warum verloren die Hühner und so viele andere Vögel ihren Schniedel, während andere – wie Enten und Emus – ihren behielten?

Darüber wird im Augenblick in zwei Richtungen spekuliert: Männliche Vögel mit Penissen, zum Beispiel Enten, setzen oft Gewalt bei der Paarung ein. Jeder, der schon mal Erpel und Enten beobachtet hat, weiß: Das männliche Bedürfnis nach Sex wird derart energisch durchgesetzt, dass das Weibchen dabei gestresst, wenn nicht gar verletzt wird. Sexuelle Nötigung als Paarungsstrategie mag dem Männchen der jeweiligen Spezies Vorteile bringen, da es die Zahl seines Nachwuchses maximiert, doch Weibchen sind etwas wählerischer bei der Auswahl und achten auf Größe, Gesundheit oder Temperament des Partners. Bei Enten und Gänsen hat der Geschlechterkrieg zu einem Kampf der Waffen geführt, in dem die Weibchen komplexe Strategien entwickeln, um die Kopulation zu verhindern, darunter eine bestimmte Form der Vagina, die den unerwünschten Kontakt mit einem langen, ausgeprägten Phallus verhindern kann. Beim Huhn (und vielen anderen Vögeln) hat die Vorliebe für Kooperation statt roher Gewalt bei der Fortpflanzung möglicherweise dazu geführt, dass die Hennen weniger gut ausgestattete Hähne wählten. Somit ging beim Hahn mit der Zeit die Notwendigkeit, einen Penis auszubilden, ganz verloren.[10]

Cohn dagegen hat eine andere These: Das Verschwinden des Penis beim Hahn sei ein Kollateralschaden der Weiterentwicklung vom Dinosaurier zum modernen Vogel. Der Phallus könnte sozusagen bei einem Pakt mit dem Teufel verloren gegangen sein, er wurde gegen andere evolutionäre Veränderungen wie den konisch geformten Schnabel oder den Verlust der Zähne eingetauscht, alles Eigenschaften, die ebenfalls mit BMP-Proteinen in Zusammenhang stehen.[11] Die Henne jedenfalls profitiert zweifellos von dem, was dem Hahn abgeht. Das Werben des Hahns ist in den meisten Fällen deutlich behutsamer und damit weit entfernt von der herzlosen Nötigung seiner modernen Verwandten, der Wasser- und flugunfähigen Vögel, als auch ihrer aller gemeinsamen Vorfahren.

Um die Aufmerksamkeit der Henne zu gewinnen, muss der Hahn eine verführerische Performance absolvieren. Üblicherweise beginnt er die Paarung, indem er einen Flügel abspreizt und im Kreis tanzt. Wenn der Henne gefällt, was sie sieht, duckt sie sich zu Boden, damit der Hahn sie besteigen kann. Wenn seine Moves nicht den gewünschten Effekt zeigen, geht er schnell zu Phase zwei über, bei der er einen Futterschrei ausstößt und auf dem Boden herumpickt. Ist eine der beiden Vorgehensweisen erfolgreich, hält sich der Hahn mit seinem Schnabel an den Halsfedern der Henne fest, steigt auf ihren Rücken und senkt den Schwanz, damit die zwei Kloaken aufeinandertreffen (der Hahn »tritt« die Henne, heißt es im Deutschen fachsprachlich). Ein paar zerzauste Federn später ist alles erledigt, und die Beteiligten widmen sich wieder dem Scharren.

Interessanterweise könnte das aggressive Sexualverhalten der Vorfahren des Hahns, das wie viele andere Eigenschaften im Lauf der Evolution »ausgeschaltet« wurde, nach wie vor in seinen Genen lauern. Studien an den Küken von Masthähnchen (siehe Kap. 7) haben ergeben, dass einige Hähne ihren verführerischen Tanz aufgeben und, noch schlimmer, zu erzwungenem Sex zurückkehren. Ohne das Werbungsritual sind die Hennen den Gewaltattacken der Männchen ausgesetzt – fliehen sie, werden sie von den offenbar hyperaggressiven Hähnen verletzt oder zu Tode gekratzt. Ian Duncan, emeritierter Professor für Tierwohl an der University of Guelph (Ontario), vermutet, die intensive genetische Auslese in der industriellen Geflügelzucht nach Kriterien wie »möglichst viel Brustfleisch« oder »schnelles Wachstum« könnte ungewollt dazu führen, dass auch Gene für das Paarungsverhalten beeinflusst werden.[12] Je fetter der Vogel, so scheint es, desto weniger galant sein Verhalten.

Mithilfe des Huhns können wir nicht nur weit in die Vergangenheit blicken, um die Gemeinsamkeiten zwischen Vögeln und Dinosauriern zu erforschen, es lohnt sich auch, herauszufinden in welcher Hinsicht das Huhn ausgeschert ist und zu dem besonderen Vogel von heute wurde. Wie wir bereits wissen, gehört es zur Ordnung der Hühnervögel (*Galliformes*). Eine große und faszinierende Ordnung, zu der so unterschiedliche Gattungen wie Truthahn, Schneehuhn oder Pfau gehören, die jedoch alle eine Reihe von Eigenschaften teilen. Die meisten Hühnervögel haben eher plumpe Körper mit kurzen Flügeln. Sie sind weniger ans Fliegen als an ein Leben am Boden angepasst, sie scharren in der Erde und haben dafür stämmige Beine und starke Füße mit vier Zehen (einige Hühnerrassen auch fünf). Hühnervögel können unterschiedlich gut fliegen, fliegen aber selten sehr weit und sind auch keine Zugvögel. Die meisten bewegen sich gehend fort, können aber sehr schnell, kurz und fast senkrecht hochflattern, um zu fliehen oder einen nächtlichen Ruheplatz zu erreichen. Man kennt das Flattern und Gleiten von einem aus der Deckung aufgescheuchten Fasan. Sich in der Luft aufzuhalten, wird häufig als die ausschlaggebende Eigenschaft von Vögeln gehalten, obwohl viele Arten wie eben das Huhn nicht besonders gut fliegen können – manche, wie Pinguine, auch gar nicht.

Wird die gesamte Ordnung »Hühnervögel« als Baum dargestellt, bilden die Fasanenartigen (*Phasianidae*) den größten Zweig. Die gesamte Gruppe liest sich wie die Wildvorratskammer des englischen Landadels: Wachtel, Fasan, Moorhuhn, Rebhuhn. Es gehören dazu jedoch auch die Kammhühner, *Phasianus gallus*, eine sehr prächtige exotische Vogelfamilie, die wild in den warmen Wäldern Südostasiens, Indiens, Sri Lankas und Bangladeschs lebt. Es gibt vier Arten, das graue Sonnerathuhn (*Gallus sonneratii*), das Gabelschwanzhuhn oder Grüne Kammhuhn (*Gallus varius*), das in Sri Lanka beheimatete Ceylonhuhn (auch Lafayettehuhn oder Gelbes Kammhuhn, *Gallus lafayettii*) und das Bankivahuhn (*Gallus gallus*). Die gesamte Familie ähnelt einer Kreuzung aus besonders hübschen Hühnern mit den scheuen Fasanen. Die Männchen schillern in allen Regenbogenfarben, haben schlanke Körper, buschige, glänzend petrolfarbige Schwanzfedern und leuchtend rote Kämme. Und wie bei den Fasanen sind die Weibchen kleiner und unauffälliger gefärbt, die perfekte Tarnung für die auf gute Verstecke angewiesenen Bodenbrüter.

Lange bevor moderne DNA-Analysen möglich wurden, bemühten sich frühe Naturforscher bereits, die wahren Vorfahren des Haushuhns zu ermitteln. Die Ähnlichkeiten zwischen den asiatischen Kammhühnern und unseren zahmen Eierlieferanten waren zwar unbestreitbar, doch wie eng sie verwandt waren, blieb unklar. Darüber hinaus verfügten auch die unterschiedlichen Haushuhnrassen über eine große Vielfalt beim Federkleid, den Farben, der Körpergröße, der Schwanzform und anderen äußeren Eigenschaften, was außerdem für Verwirrung sorgte. Hatten alle diese Hühner einen gemeinsamen Vorfahren oder viele verschiedene, die aus unterschiedlichen Regionen stammten? Mit dieser Frage schlug sich im späten 18. Jahrhundert Georges-Louis Leclerc, Comte de Buffon, einer der bedeutendsten Naturforscher der Aufklärung, herum. Das Geheimnis des »Haushahns« war nicht nur aus wissenschaftlicher Sicht interessant, es war für ihn auch eine Frage des persönlichen Ehrgeizes: »Obgleich dieser Vogel«, so schrieb er in seiner *Naturgeschichte der Vögel*, »unter dem häuslichen Federvieh einer der gemeinsten ist, so mögen ihn doch vielleicht viele nicht genug kennen [...] Der Haushahn ist aber nicht allein den meisten Menschen noch ziemlich unbekannt, sondern auch noch immer für die methodischen Naturalisten ein Stein des Anstoßes, besonders für diejenigen, die einen Gegenstand nicht eher zu kennen glauben, als wenn sie für ihn erst eine Stelle in ihren Klassen und Geschlechtern fest gesetzt haben.«[13]

Die vielen unterschiedlichen »ausländischen Züchtungen«, auf die er durch Sammler und die lebhaften Schilderungen von Reisenden aufmerksam wurde, verblüfften ihn. Hühner mit so exotischen Namen wie »kleines javanisches Zwerghuhn«, »Straubhahn« und »japanisches Huhn« hatten so viele unterschiedliche Kennzeichen, dass er sich nur schwer vorstellen konnte, sie wären alle auf einen gemeinsamen Vorfahren zurückzuführen. »Wie soll man aus dieser immensen Zahl von Züchtungen des Stamms der Hühnervögel bloß die ursprüngliche Abstammung bestimmen?«, notierte er reichlich verzweifelt. »Wie läßt sich aber bey so einer großen Menge von unterschiedenen Arten, welche das Hünergeschlecht uns zeiget, richtig entscheiden, welches wohl die ursprüngliche Stammart seyn mögte? Wie vielerley Umstände haben auf diese Verschiedenheiten ihren Einfluß gehabt! Wie viel Zufälligkeiten haben zu ihrer Entstehung das Ihrige beygetragen! Die Bemühungen und sogar der Eigensinn der Menschen haben sie dermaßen vervielfältigt, daß es ungemein schwer scheinet, bis auf ihren ersten Ursprung zurük zu gehen [...]«[14]

Nach einiger Überlegung entschied sich Buffon für eine polyphyletische Abstammung, also von mehr als einer Stammform. Haushühner, so schloss er, mussten viele Vorfahren gehabt haben, denn aus nur einer Spezies konnten unmöglich sowohl der nur taubengroße »Englische Hahn« und ein Zehnpfünder wie der »Paduanische Hahn« hervorgegangen sein. 1813 kam der holländische Zoologe Coenraad Jacob Temminck zum gleichen Ergebnis und stellte die These auf, dass sämtliches Hausgeflügel von sechs unterschiedlichen Wildrassen abstamme, eine Ansicht, die noch zwei Jahrzehnte später die bedeutenden Naturwissenschaftler Georges Cuvier und René Primevère Lesson teilten.

Häufig wird Charles Darwin als der erste Wissenschaftler bezeichnet, der die polyphyletische Theorie verwarf und alle Hühner auf eine Art zurückführte: das Bankivahuhn. Tatsächlich jedoch gebührt diese Ehre Edward Blyth, einem weniger bekannten englischen Zoologen, der einen großen Teil seines Erwachsenenlebens in Indien als schlecht bezahlter Kurator des Museums der Royal Asiatic Society of Bengal verbrachte. Exotische Vögel faszinierten ihn ganz besonders, eine Leidenschaft, die ihm später den Beinamen »Vater der indischen Ornithologie« einbrachte, doch auch die Ursprünge des domestizierten Huhns weckten sein Interesse.

In der Rezension eines Aufsatzes eines Kollegen über die Vögel Kalkuttas verkündete Blyth 1847 selbstbewusst, das »bengalische Huhn«, damals gängiger Name für das Bankivahuhn, sei »ohne Zweifel die ausschließliche Stammform aller verbreiteter domestizierter Geflügelrassen«. Eine höchst kühne Behauptung, vor allem angesichts der Tatsache, dass Blyth sich ausschließlich auf Beobachtungen stützte. »Wie unterschiedlich sie auch alle aussehen mögen, die Seidenhühner aus China, das riesige Chittagong-Huhn oder die federfüßigen Bantams aus Burma und so weiter, ihre Stimme verrät sofort und unmissverständlich ihren Ursprung [...] abgesehen davon, dass wir ununterbrochen den gewöhnlichen häuslichen Hähnen begegnen, die dem wilden Vogel in jeder einzelnen Feder gleichen.«[15] Blyth war der Ansicht, die Unterschiede zwischen den Haushuhnrassen könnten der Einmischung des Menschen zugeschrieben werden oder, wie Buffon es ausgedrückt hatte, seinem »Eigensinn«. Man dürfe sich sicher sein, so Blyth vier Jahre später, dass es »Seidenhühner, federfüßige Hühner oder Hühner mit Hauben, Schwarzhühner oder riesige Strupphühner nicht wild gibt«.[16]

In den folgenden Jahren wechselten Darwin und Blyth sehr herzliche Briefe. 1855 bekräftigte Blyth in einem Schreiben an seinen gelehrten Freund die Behauptung, das Bankivahuhn »entspreche im Prinzip dem Typus des Hausgeflügels in allen seinen Ausprägungen, genau wie die Wildente der Hausente oder der wilde dem zahmen Truthahn«.[17] Als Darwin 1859 *Über die Entstehung der Arten* veröffentlichte, nannte er ausdrücklich Blyth als den Urheber der Idee, dass alle »Geflügelzüchtungen aus den verbreiteten wilden indischen Vögeln hervorgegangen sind«. Doch kaum war das Buch in Druck, vollzog Darwin eine spektakuläre Kehrtwende und stellte seine eigenen Aussagen infrage. Insbesondere zweifeln ließ ihn die Existenz von »Riesenhühnern«. Diese ausgesprochen großen

Züchtungen waren von Händlern seit dem frühen 17. Jahrhundert beschrieben worden. Tote Tiere hatte er im Britischen Museum untersucht. *Gallus giganteus*, mit starken Beinmuskeln und langem Hals mehr als doppelt so groß wie das durchschnittliche Haushuhn, sodass es angeblich Körner von der Oberseite eines Bierfasses picken konnte, ließ Darwin zur These der mehreren Vorfahren – möglicherweise unentdeckt oder ausgestorben – zurückkehren, die Blyths Theorie ins Wanken bringen konnte.

Zum Glück revidierte Darwin 1868 mit der Veröffentlichung von *Das Variieren der Tiere und Pflanzen im Zustande der Domestikation* seine Meinung. Dank einer stringenten Mischung aus vergleichenden Analysen von Vogelskeletten und Kreuzungen zwischen seinen eigenen Hühnern schloss Darwin, Haushühner, selbst die dicksten Brummer, »scheinen alle auf unabhängigen und verschiedenen Wegen von einem einzelnen Typus ausgegangen zu sein«.[18] Nicht unerhebliche Unterstützung bekam er bei seinen Untersuchungen von seinem Freund William Tegetmeier, ebenfalls Naturforscher und erfahrener Geflügelzüchter. Darwin war ebenso davon überzeugt, das Bankivahuhn sei dieser einzige Vorfahre, da dessen Kreuzung mit Haushühnern gesunde Nachkommen hervorbrachte, während Küken, die aus Kreuzungen von Haushuhn und anderen Kammhühnern hervorgingen, meist unfruchtbar waren. »Nach der äuszerst groszen Ähnlichkeit [...] in Färbung, allgemeinem Bau und besonders in der Stimme, nach der Fruchtbarkeit beider bei der Kreuzung, soweit diese ermittelt worden ist [...] können wir dieselbe zuverlässig als die Eltern-Form der am meisten typischen aller domesticirten Rassen [...] ansehen.«[19]

Trotz seiner Schlussfolgerung ging die Debatte weiter. Die Forschung sprang während des späten 19. bis ins 20. Jahrhundert noch häufig zwischen Theorien eines einzigen und vieler Vorfahren hin und her. Eine definitive Antwort konnte in der Tat erst in den späten 1990er-Jahren aufgrund nun möglicher genetischer Analysen gegeben werden. Durch den Vergleich der DNA von Haushühnern und wilden Hühnern konnte deren Verwandtschaft bestätigt und das Bankivahuhn als der Hauptvorfahre aller modernen Züchtungen bestimmt werden.[20] Doch wie das mit Stammbäumen nun mal so ist, wird es mit jeder weiteren Generation komplizierter. Neuere Studien haben gezeigt, dass das Bankivahuhn zwar die »Großmutter« aller modernen Hühner ist, andere Arten von Kammhühnern durch spätere Kreuzungen von wilden und domestizierten Populationen aber ebenfalls Genmaterial zum modernen Hausgeflügel beigesteuert haben.

So weisen einige Hühnerrassen, die in der westlichen Welt sowohl zur Eier- als auch zur Fleischproduktion gehalten werden, gelbe Haut unter den Federn und gelbe Beine auf. Das Bankivahuhn verfügt dagegen nur über genetische Informationen für weiße Haut. Als die Forschenden sich auf die Suche nach dem Gelbgen machten, fanden sie es überraschenderweise in der DNA des Sonnerathuhns. Bankiva- und Sonnerathuhn sind unterschiedliche Arten und paaren sich in der freien Natur nicht, woraus die Forschenden folgerten, das Sonnerathuhn könne seine Gene für gelbe Haut erst beigesteuert haben, nachdem der Mensch mit der Domestizierung der Hühner begonnen und unterschiedliche Arten von Kammhühnern und ihre hybriden Nachfahren gemeinsam gehalten hatte.[21]

Auch wenn die Diskussion über die genetischen Vorfahren damit beendet war, blieb noch die Frage nach Ort und Zeit der Domestizierung des Vogels. Die Unsicherheit basierte unter anderem darauf, dass es vor der Möglichkeit verlässlicher genetischer Analysen extrem schwierig war, bei archäologischen Funden zwischen den Wildformen und dem modernen Huhn zu unterscheiden. Bankivahühner (*Gallus gallus*) und Haushühner (*Gallus gallus domesticus*) sind sich sehr ähnlich, und die wenigen Unterschiede sind anhand eines Häufchens staubiger Knochen kaum zu erkennen. Die wissenschaftlichen Standardkriterien für ein Wildhuhn im Vergleich zum Haushuhn sind unter anderem horizontale Schwanzfedern (statt des keck nach oben stehenden Schwanzes), das Fehlen eines Kamms bei den Hennen und die jährliche Mauser der Hähne, die von Juni bis September ein Ruhekleid tragen, bei dem die goldenen Halsfedern durch mattere ersetzt werden und die langen Schwanzfedern ausfallen. Den Haushühnern ist diese Eigenschaft irgendwann verloren gegangen.

Wildhühner haben eine andere Herdendynamik, eine kürzere Brutsaison und einen anderen Schrei – alles Kennzeichen, die der Archäologie entgehen. Im Gegensatz zu den stabileren Skeletten von größeren

Nutztieren wie Pferden oder Kühen sind Geflügelknochen seltener Bestandteil archäologischer Überlieferung, auch weil sie von Aasfressern fortgeschleppt werden. Werden doch Knochen gefunden, lassen sie sich oft nur schwer von anderen ähnlichen Arten unterscheiden. In den späten 1980er-Jahren wurden bei einer archäologischen Grabung in China 8 000 Jahre alte Knochen entdeckt, die stark an Hühner erinnerten, und so jubelte man anfangs über die vermeintliche Klärung des Beginns der Hühnerhaltung. Spätere Analysen zeigten dann bedauerlicherweise, dass es sich um Fasanenknochen handelte.[22]

Jedoch ändert sich bei der Domestizierung nicht nur das Verhalten der Tiere. Der Prozess der Selektion und Züchtung gemäß den für den Menschen nützlichen Eigenschaften beeinflusst aktiv die Genetik der jeweiligen Art – die Haltung von Tieren hinterlässt also Spuren in den Genen. Doch nur durch die präzise Analyse der winzigen Unterschiede in den Gensequenzen von Wildhuhn und modernem Haushuhn kann die Wissenschaft den Zeitpunkt bestimmen, zu dem sich eine Art aus einer anderen entwickelt hat. Ein großes internationales Forschungsteam schaffte es erst kürzlich, über 800 Genome zu sammeln und zu entschlüsseln, darunter Proben von Haushühnern und allen vier Wildhuhnarten.[23] Die Untersuchung ergab, dass die Stammform aller modernen Haushühner eine Subspezies des Bankivahuhns war. Die Heimat des Burma-Bankivahuhns (*Gallus gallus spadiceus*) umfasst das südwestliche China, das nördliche Thailand und Myanmar. Die Domestizierung begann den Untersuchungen gemäß irgendwann vor 12 500 bis

6 000 Jahren. Somit ist es endlich gelungen herauszufinden, seit wann das Schicksal der Wildhühner und Menschen untrennbar miteinander verknüpft ist, was beide Arten in unerwartete und häufig auch schwierige Situationen brachte.

Die Methoden, mit denen die Menschen das scheue Wildhuhn zähmten, sind allerdings noch nicht endgültig geklärt. Man geht davon aus, dass die Anfänge der Landwirtschaft und die Domestizierung von Tieren sich wechselseitig bedingten – es scheint logisch, dass Menschen erst Tiere hielten, als sie das Jagen und Sammeln aufgegeben und sich einen festen Standort gesucht hatten, an dem sie Nutzpflanzen anbauten. Das Timing bei den Hühnern ist trotzdem eigenartig. Die Hinweise auf eine Frühform der Landwirtschaft in Südostasien – in dem Fall der Anbau von Hirse und Reis – stammen erst von etwa 2000 vor Christus, also mindestens 2 000 Jahre zu spät für die Domestizierung des Huhns.

Möglicherweise war die erste Beziehung zwischen Wildhuhn und Mensch keine von Nahrungsquelle und Landwirt, sondern von Haustier und Besitzer. Haustiere werden oft für ein modernes Phänomen gehalten, ein Luxus, den man sich erst leistete, als man freie Zeit und Geld übrig hatte, doch der Mensch hat Tiere von Beginn an als Gefährten gehalten. Als die europäischen Eroberer in weiten, unberührten Landschaften auf indigene Gemeinschaften stießen, die noch immer ein Leben als Jäger und Sammler führten wie vor Jahrtausenden, stellten sie erstaunt fest, dass diese zugleich Tiere hielten, die nicht der Ernährung dienten. Ob Dingos und Wallabys in Australien oder

Wölfe, Elche und Bären in Nordamerika, überall »versorgten« Menschen verschiedenste Tiere aus reinem Vergnügen. In Polynesien und Mikronesien hielt man Hunde, Tauben, Papageien und Flughunde,[24] während in Südamerika, insbesondere im Amazonasbecken, der englische Abenteurer und Naturforscher Henry Walter Bates mindestens 22 Tierarten notierte, die zahm in menschlicher Gemeinschaft lebten, darunter Hirsche, Tapire, Affen, Faultiere, Beutelratten, Füchse, Nasenbären, Ozelots und Jaguare.[25] Auch Vögel waren geschätzte Haustiere, besonders solche, die schön sangen oder – wie die Kammhühner – ein leuchtend buntes Federkleid aufwiesen. Die Domestizierung von Tieren war offensichtlich doch nicht an ein sesshaftes Leben mit Landwirtschaft gebunden.

Die überaus scheuen wilden Kammhühner haben einen Charakterzug, den sich die Menschen womöglich zunutze machten: Nestflüchter – Vögel, die vom Moment des Schlüpfens an laufen und sich selbst mit Futter versorgen können – bewegen sich auch häufig von ihren Müttern fort. Die Prägung (die Bindung eines Kükens an das erste Wesen, das sie sehen) sorgt dafür, dass es in der Nähe seiner Eltern bleibt und von ihnen neue Verhaltensweisen erlernt. Küken von Hausgeflügel sind dafür bekannt, sich auch von anderen Tieren, von Menschen oder sogar unbelebten Objekten prägen zu lassen. In den 1950er-Jahren beobachtete der Zoologe Nicholas Collias, dass in malaysischen Dörfern »sehr häufig alle möglichen Haustiere inklusive Kammhühner gehalten werden, und vielleicht stand diese Gewohnheit am Beginn der Domestizierung. Am Tag des Schlüpfens haben die Küken von Hausgeflügel die starke Tendenz, jedem größeren bewegten Objekt, auch einer Person, zu folgen, vor allem, wenn diese spricht oder wiederholt leise, kurze Laute ausstößt.« Zurück in Amerika wiederholte Collias diesen Vorgang mit einem in Gefangenschaft frisch geschlüpften Bankivahuhn.[26] Der Fotograf Ernest Herbert Newton Lowther, der 1949 in Indien lebte und arbeitete, dokumentierte ebenfalls zwei Bankivahuhnküken, die direkt nach dem Schlüpfen ihren menschlichen »Eltern« folgten.

Auch wenn das Phänomen der Prägung es dem Menschen möglich machte, den wilden Kammhühnern näher zu kommen, war das erst der halbe Weg bis zur Domestizierung. Ethnografische Untersuchungen dokumentierten in der Mitte des 20. Jahrhunderts indigene Gruppen auf der malaysischen Halbinsel und im Westen Thailands, die Wildhühnern die Eier wegnahmen und selbst ausbrüteten.[27] Allerdings lief ein Großteil dieser Wildhühner als ausgewachsene Vögel wieder zurück in den Dschungel und schloss sich den Artgenossen an. Nur wenige, die sich an der Nähe zu den Menschen nicht zu stören schienen, blieben. Die Domestizierung des Bankivahuhns war deshalb vermutlich nicht nur eine Frage der Prägung von Küken oder der Haltung von Wildvögeln. Wilde Tiere, die gegen ihren Willen in Gefangenschaft gehalten werden – ob angebunden oder in einen Käfig gesperrt –, gedeihen in der Regel nicht. Die Evolutionsbiologie vermutet seit Langem, dass eine »Reduzierung der Angst« der entscheidende Schlüssel ist, um aus einem Wildtier ein Haustier zu machen, das langfristig überlebt. Mit anderen Worten, es braucht eine genetische Disposition, den menschlichen Kontakt zu tolerieren.

Diese Theorie wurde in einem Laborversuch der Universität Linköping bestätigt. Dort wurden Bankivahühner über sieben Generationen hinweg nach dem Kriterium selektiert, wie ängstlich sie auf Menschen reagierten.[28] Das Team brütete Hunderte Küken von etwa 60 Bankivapaaren aus. Jede Folgegeneration wurde in zwei Gruppen geteilt, je nachdem, wie gut sie mit der menschlichen Betreuung zurechtkamen. Schnell stellte sich heraus, dass die Hühner, die man aufgrund ihrer geringen Furchtsamkeit ausgewählt hatte, auch Nachkommen bekamen, die weniger furchtsam auf Menschen reagierten – die Eigenschaft war offensichtlich erblich.

Noch interessanter war allerdings, dass die Küken der furchtlosen Bankivahühner nach und nach neue Eigenschaften entwickelten. Die weniger ängstlichen Exemplare fraßen nicht nur mehr Getreide, sie legten auch größere Eier als ihre scheuere Verwandtschaft – zwei Kennzeichen des modernen Huhns. Am meisten überraschte die Tatsache, dass die Hühner, die die Gegenwart des Menschen problemlos tolerierten, gegenüber ihren Artgenossen aggressiver auftraten. Anders ausgedrückt, sie waren nicht nur mutiger den Menschen gegenüber, sondern auch feindseliger im Umgang mit ihresgleichen.

Eine aufregende Entdeckung: Die Archäologie hat schon lange vermutet, dass die Vorfahren des Huhns ursprünglich nicht wegen der Eier oder des Fleisches domestiziert wurden. Kammhühner haben nur eine kurze Brutsaison im Frühjahr, das Gelege besteht nur aus vier bis sechs Eiern. Wie ich in Kapitel 6 zeigen werde, brauchte es Tausende von Jahren, bis man

Hennen dazu brachte, täglich Eier zu legen. Eine verlässliche Fleischquelle könnte ein Motiv für die Domestizierung des Bankivahuhns gewesen sein, doch frühe Belege für die Zucht und den Verzehr dieser Vögel sind kaum zu finden. Eine aktuelle Grabung in Israel förderte einen der wenigen antiken Orte zutage, an dem es überhaupt Hinweise darauf gibt, dass Hühner in signifikanter Zahl gegessen wurden. Die Überreste sind 2 200 Jahre alt, also mehrere Tausend Jahre jünger als der Beginn der Hühnerdomestizierung. Der Mangel an Belegen für diese Hypothese beweist noch nicht, dass sie ausgeschlossen ist, und doch stellt sich die Frage, warum man sich die Mühe machte, Wildhühner zu zähmen, wenn sie nicht als Nahrung dienten. Die Antwort könnte uns aus Sicht der Archäologie überraschen: Die faszinierende Kulturgeschichte des Haushuhns begann wohl weniger auf dem Teller als auf dem Kampfplatz.

2.
Kämpfer

Ring frei!

Malaien

In den 1970er-Jahren stieß man am Stadtrand von Wien auf eine alte Begräbnisstätte. Dort fanden die Archäologinnen und Archäologen mehr als 800 awarische Gräber von Männern, Frauen und Kindern. Die Awaren waren ein Furcht einflößendes Volk von Kriegern und Hirten, die aus der asiatischen Steppe stammten, im 6. Jahrhundert Richtung Westen wanderten und dabei unablässig plünderten und Gefangene nahmen. So beeindruckend ihr Leben war, so prachtvoll inszenierten sie ihren Tod mit Gräbern voller kostbarer Waffen, Gewänder und Schmuckstücke. Das Interessanteste daran waren jedoch die Überreste von Hühnern, die man in beinahe der Hälfte aller Grabstätten fand.

Anfangs ordnete man die Funde als Speiseopfer ein, da es verbreitete Praxis war, den Toten Proviant für ihre Reise ins Jenseits mitzugeben. Spätere Analysen der Knochen und Gräber offenbarten allerdings ein auffälliges Muster. Die Grabbeigaben waren geschlechtsspezifisch: Männer begrub man mit Hähnen, Frauen mit Hennen. Darüber hinaus zeigte die Knochenuntersuchung Parallelen in der Qualität der Ernährung: Hühner, die nahrhaftes Fressen bekommen hatten, waren mit ähnlich wohlgenährten Menschen begraben, das heißt, Individuen mit hohem Prestige besaßen offenbar Hühner, denen es nicht an Futter mangelte. Umgekehrt waren den Menschen mit niedrigem sozialen Rang Tiere zuzuordnen, deren Mahlzeiten frugaler ausgefallen sein mussten.

Viele der Hähne von hohem Rang waren zugleich überraschend alt (was man aus der Länge des Sporns am Fuß und anderen Eigenschaften des Skeletts schließen kann). Dies deutet darauf hin, dass sie von ihren Besitzern viel Zuwendung bekamen. Insbesondere einer der Hähne schien besser genährt als viele andere. Aus all den Auffälligkeiten schlossen die Forschenden eines: Da Grabfunde in der Regel den Wert widerspiegeln, den Menschen bestimmten Objekten und Tieren im Alltag schenkten, mussten die Awaren einen besonderen Bezug zu Hühnern gehabt haben. Welcher genau, ist schwer zu ergründen, doch er scheint sich von dem Verhältnis des Bauern zum selbst erzeugten Nahrungsmittel abzuheben.

Wir wissen ausgesprochen wenig über die Art und Weise, wie sich das Huhn nach seiner Domestizierung in Südostasien über die ganze Welt verbreitete. Es handelt sich um einen Vogel, der sich, geht es nach ihm selbst, nicht weit bewegt. Hühner fliegen nicht über längere Distanzen, und auch wenn sie im Wasser nicht sofort untergehen, sind sie nicht fürs Schwimmen gemacht.* Für die Allgegenwart des Huhns rund

---

* Hühner sind keine Schwimmer. Es gehen ihnen nicht nur die Schwimmfüße ab, die für Antrieb sorgen könnten, vor allem ihr Gefieder verhindert ein Fortkommen im Wasser. Aufgrund ihres geringen Gewichts können sie sich ein paar Minuten an der Oberfläche treiben lassen, doch da ihre Federn kein Wasser abweisen, werden sie sehr schnell zu schwer und sinken wie ein Stein.

um den Globus muss der Mensch allein verantwortlich sein. Darüber hinaus müssen vor allem den Hähnen, nicht den Hennen, das erste Interesse des Menschen gegolten haben. Auch wenn man nicht genau weiß, wie männliche Hühner eingesetzt wurden, vermutet die Archäologie, dass sie aufgrund ihres natürlichen Kampfinstinkts und des farbenprächtigen Federkleids vor allem für zeremonielle und rituelle Zwecke eingesetzt wurden sowie als Kämpfer begehrt waren, weniger als Proteinquelle.

Bei Grabungen im heutigen Pakistan wurden viele Schätze einer der ältesten großen Städte der Induskultur, Mohenjo-Daro, zutage gefördert. Besonders bedeutend sind Siegel, die man in feuchten Ton drückte. Vermutlich dienten sie der Kennzeichnung von Eigentum im Handel oder als Unterschriftenstempel hochstehender Persönlichkeiten. In jedem Fall zeigen die Abbildungen darauf oft wundersame Kreaturen, Gottheiten oder mythische Tiere, die den Status des Eigentümers bekräftigten oder als machtvolles Amulett dienten. So sagen auch die Tiere auf diesen Siegeln etwas über die Menschen und ihren Glauben aus. Es handelt sich vor allem um starke Tiere: Stiere, Nashörner, Elefanten, Tiger, Krokodile und, wichtig für unser Thema: Hähne. In der Linguistik wird sogar spekuliert, der alte Name der Stadt Mohenjo-Daro könne *Kukkut arma*, »Stadt der Hähne«, gelautet haben und damit von der Prominenz und möglichen spirituellen Bedeutung des männlichen Vogels zeugen.

Genauere Details der langen Reise des Huhns von Südost- nach Westasien, in den Mittelmeerraum und bis nach Nordeuropa bleiben im Dunkeln. Anhand archäologischer Funde sind die Tiere im Nahen Osten (Iran, Syrien, Anatolien) im 3. Jahrtausend vor Christus nachweisbar, in Westeuropa um 1000 vor Christus, möglicherweise mitgebracht von den seefahrenden Phöniziern auf ihren Handelsrouten entlang der Küste.[1]

Alles deutet darauf hin, dass das Huhn dort, wo es nachweisbar ist, als exotische Seltenheit galt. Im alten Ägypten, wo man höchst gewissenhaft Buch über sämtliche Tiere führte, die man hielt, verzehrte und jagte, ist das Huhn bis zum 4. Jahrhundert vor Christus auffallend abwesend und wird kaum erwähnt. Erst danach beginnt man, Geflügel wegen des Fleischs und der Eier zu halten (dazu später mehr). Eine der wenigen und frühesten Bezugnahmen findet sich auf einem Ostrakon*, einem winzigen Stück Kalkstein, das man in der Nähe des Grabs von Ramses IX. gefunden hat. Es zeigt die schlichte stilisierte und zugleich lebendige Zeichnung eines Hahns aus dem 12. Jahrhundert vor Christus. Etwa zur selben Zeit wird der Vogel in einer Inschrift auf dem Gebiet des heutigen Syriens als Tribut genannt, ein spezielles Geschenk als Zeichen

---

* Da in alten Kulturen wie Ägypten und Griechenland Papyrus teuer und schwer herzustellen war, wurden vom gemeinen Volk im Alltag Tonscherben oder Kalksteinbrocken als »Zettel« verwendet. Sie dienten der Niederschrift von Notizen, Skizzen, Berechnungen, Zaubersprüchen oder Bittgebeten. Die Griechen bezeichneten solche Scherben als *ostrakon* und nutzten sie auch als Stimmzettel für Abstimmungen über Verbannungen. Daher stammt der noch heute verwendete Begriff »Scherbengericht«.

des Bundes und der Unterordnung.[2] Eine solche Gabe kann nur dann von Wert gewesen sein, wenn das Huhn kein Alltagsvogel war.

Hahnenkämpfe waren bereits in der griechischen Antike ein beliebter und symbolträchtiger Zeitvertreib und auf Münzen, Töpferwaren und Denkmälern abgebildet. Die Griechen waren eine kämpferische und wettbewerbsorientierte Kultur, eine Neigung, die sie mit dem stolzen und streitlustigen Vogel verband. Vom athenischen Feldherrn Themistokles wird erzählt, ihn habe der Anblick zweier zankender Hähne beflügelt. Vor einer entscheidenden Schlacht gegen die Perser habe er »zwei kämpfende Hähne erblickt und sein Heer angewiesen, sie sich anzusehen. Er hielt dazu die folgende Ansprache: ›Schaut nur, die beiden kämpfen weder für ihre Hausgötter noch für die Denkmäler ihrer Vorfahren, nicht für Ruhm, Freiheit oder die Sicherheit ihrer Kinder, sondern nur, weil der eine dem anderen nicht nachgeben will.‹ Dies machte den Griechen so viel Mut, dass sie unermüdlich kämpften und den Sieg über die Perser errangen.«[3] In der Schlacht verpassten die Griechen ihren Gegnern eine solche Abreibung, dass der Hahnenkampf von da an zum Sinnbild militärischer Tapferkeit und des Sieges um jeden Preis wurde. Einige Jahrhunderte später verglich Plinius d. Ä. die griechische Begeisterung für den Hahnenkampf mit der römischen für Gladiatorenkämpfe: »Zu Pergamon wird alle Jahre ein öffentliches Kampfspiel zwischen Hähnen, gleichsam ein Gladiatorenspiel, veranstaltet.«[4] Auch der Schriftsteller Älian beschrieb einen jährlichen Hahnenkampf in Erinnerung an Themistokles' Sieg.

Die Griechen assoziierten Hähne mit dem Kriegsgott Ares und mit Athena, der Schutzgöttin Athens. Sie fanden die Brutalität und Spannung des tödlichen Kampfs nicht einfach nur unterhaltsam, er stand für das, wonach jeder männliche Bürger streben sollte. Junge Männer waren verpflichtet, zum Zweck der Ausbildung Hahnenkämpfe anzuschauen[5], und der Philosoph Chrysippus staunte, wie nützlich Hähne seien, um Soldaten für den Krieg zu begeistern und in ihnen das Streben nach Tapferkeit zu erwecken.[6] Das griechische Wort für Hahn, *alektor**, bedeutete zugleich »Verteidiger« oder »Abwender des Bösen«.[7]

Der Satiriker Lukian machte sich im 2. Jahrhundert nach Christus in seinem Werk *Anacharsis* ein wenig über die griechische Obsession für Hahnenkämpfe lustig: »Was würdest du aber erst sagen, wenn du unsere Wachtel- und Hahnengefechte sähest, und die ernste Aufmerksamkeit, die wir ihnen schenken? Du würdest uns auslachen, zumal wenn du hörtest, daß sie in Folge eines Gesetzes gehalten werden, welches allen Erwachsenen befiehlt, dabei zugegen zu seyn, und zu sehen, wie diese Thiere bis zur äußersten Ermüdung mit einander kämpfen. Und doch ist auch darin nichts Lächerliches. Denn unvermerkt wird in den Gemüthern der Trieb rege, jeder Gefahr zu trotzen, um sich nicht an stolzem Muthe und Kühnheit von Hähnen übertreffen, und sich weder von Wunden, noch von Erschöpfung, noch von irgend einer andern Schwierigkeit zu längerem Widerstande untüchtig machen zu lassen.«[8]

---

* Das griechische Wort lebt noch im Begriff *Alektorophobie*, Angst vor Hühnern, fort.

Auch in der Malerei und Skulptur sowie auf Rüstungen wurden Hähne als Symbole des Muts eingesetzt, sie finden sich außerdem als Vorbilder unstillbarer Kampfeslust auf Schilden der griechischen Soldaten ebenso wie auf speziellen Amphoren, die bei den Panathenischen Spielen als Trophäen überreicht wurden. Umgekehrt war der besiegte Hahn, wenn er denn überlebte, ein Versager und würde nie wieder krähen, so glaubte man. Denn Unterwerfung war der schlimmste vorstellbare Ausgang, und die griechische Formulierung »wie ein geschlagener Hahn« bedeutete ein schrecklicheres Schicksal als den Tod: ein Leben in Sklaverei.

Im antiken Griechenland gehörten Gewalt und Männlichkeit zusammen. Der Kampf zweier Hähne war mit Symbolik aufgeladen, sie bezog sich nicht nur auf den Wettbewerb, sondern auch auf die enge Verbindung von Liebe und Leid. Der Hahn stand für vier Eigenschaften, die der Grieche an sich selbst am meisten schätzte: »Kampfeslust, Stolz, sexueller Appetit und Wachsamkeit«.[9] Die Promiskuität und Dominanz, die man dem Hahn zusprach, spiegelte sich in einer speziellen Praktik der antiken Griechen, der sexuellen Beziehung zwischen erwachsenen Männern und Jungen. Päderastie oder Knabenliebe wurde nicht als Perversität oder Missbrauch interpretiert, sondern als bedeutsamer Übergangsritus in der militärischen und sozialen Erziehung von Heranwachsenden vor allem der höheren Schichten. Dabei war jedoch eine Balance der sexuellen Macht zwischen dem Älteren und dem Jüngeren entscheidend. Relevant war die Unterscheidung zwischen der aktiven Rolle des »Verfolgers«, die der Erwachsene innehatte, und der Passivität des jungen

Geliebten, und der Hahn lieferte eine geeignete Metapher für die Darstellung der Päderastie in der griechischen Bildhauerei und Ornamentik. Die erwachsenen Verehrer übergaben ihrem jungen Angebeteten häufig ein Schmuckstück oder Zierelement, auf dem ein Hahn abgebildet war, unmissverständliches Symbol für einen dominanten und kraftvollen Liebhaber.

Die Griechen waren von der Virilität des Hahns so überzeugt, dass sowohl Gelehrte als auch Priester Hahnhoden wärmstens als Aphrodisiakum empfahlen. In der Naturgeschichte von Plinius d. Ä., deren Inhalt überwiegend aus älteren griechischen Quellen schöpft, wird der rechte Hoden eines Hahnes, in einem Widderfell an den Körper gebunden, nachdrücklich als kraftvolles Aphrodisiakum empfohlen. Der gegenteilige Effekt tritt laut Plinius ein, wenn man die Hoden eines Kampfhahns, mit Gänsefett bestrichen, in einem Widderfell an den Körper bindet oder eine Phiole mit Hahnenblut unter das Bett legt.[10]

Offensichtlich gab es nur wenig, was sich nicht mit einem anständigen Hühnerzauber heilen ließ. Plinius empfiehlt auch »deren in Wein getrunkenes Gehirn«[11], um Schlangengift zu neutralisieren. »Panther und Löwen berühren diejenigen nicht, die sich damit [mit Hühnerbrühe] eingerieben haben, vor allem, wenn man Knoblauch mitgekocht hat.«[12] Die Kraft des Hühnerfleischs scheint beeindruckend: »Wenn man zu schmelzendem Gold Hühnerbeine gibt, saugen diese das Gold in sich auf; so ist dies ein Gift für das Gold.«[13] Um seine Feinde zum Verstummen zu bringen, wird ein besonders unschöner Zauber empfohlen: einem lebenden Hahn die Zunge auszureißen.[14] Hahnenzauber soll auch gefährdete Ernten retten. Der griechische Reisende und Geograf Pausanias berichtete im 2. Jahrhundert nach Christus von einem eigenartigen lokalen Ritual, um Weinstöcke vor frostigen Winden zu schützen, die die Knospen gefährden könnten. »Während nun dieser Wind weht, zerreißen zwei Männer einen Hahn, der durchaus weiße Federn hat, und laufen in entgegengesetzter Richtung um die Weingärten, ein Jeder von beiden mit der Hälfte des Hahnes; diese vergraben sie da, wenn sie wieder an dem Punkte zusammentreffen, von wo sie ausgegangen waren.«[15]

Die Römer schienen von den kämpferischen Fähigkeiten der Hähne nicht weniger verblüfft. Kaiser Septimius Severus, der von 193 bis 211 regierte, war berüchtigt für seine Brutalität. Als er 208 durch Britannien reiste und seinen Truppen befahl, Kaledonien im Norden zu erobern, »zitierte er folgende Worte: ›... Keiner entrinne dem jähen Verderben, niemand unseren Händen, auch nicht das Kind in der Mutter, wenn es ein Knabe; selbst dieser verfalle dem jähen Verderben!‹«[16] Um seine eigenen Söhne Caracalla und Geta für die Anforderungen imperialer Expansion und Kriegsführung abzuhärten, ermutigte er sie, selbst Hähne zu halten und gegeneinander antreten zu lassen. Glaubt man dem römischen Schriftsteller Herodian, der eine fesselnde Geschichte des Imperiums verfasste, verfehlten die Hahnenkämpfe den gewünschten Effekt und vertieften nur die tiefe Rivalität zwischen den beiden Brüdern.

Nach einer von der Verherrlichung der Gewalt zwischen Männern geprägten Kindheit überrascht es kaum, dass Caracalla nicht nur einen Staatsstreich unternahm, sondern auch versuchte, Ärzte dazu zu bringen, seinen Vater zu töten. Als Severus starb, ergriff er die Macht und befahl, jeden zu töten, der sich seinem verstorbenen Vater oder seinem Bruder gegenüber loyal zeigte. Und obwohl Severus seine Söhne zu gemeinsamen Regenten bestimmt hatte, ruhte Caracalla nicht eher, bevor sein Sieg – wie der eines kämpfenden Hahnes – vollkommen war: Nur wenige Monate später ließ er seinen Bruder ermorden und beanspruchte die Macht über das römische Reich für sich allein.

Im alten Rom war man so überzeugt vom Mut und der Stärke des Hahns, dass man ganz verrückt nach *alectoria gemma* war, kleine glatte Steine, die man im Muskelmagen von Hähnen fand. Hühner schlucken häufig Steine oder Kies zur Zerkleinerung der Nahrung und Unterstützung der Verdauung. Wenn diese durch die Tätigkeit der Verdauungsorgane glatt geschliffen sind, werden sie wieder herausgewürgt oder ausgeschieden. Den abergläubischen Römern zufolge hatten diese »Hahnedelsteine« desto mehr Macht, je älter der Hahn war, von dem sie stammten. Wer ihn in der Hand hielt, in den Mund nahm oder gar verschluckte, spürte einen Energieschub, als Mann in Form von verstärkter sexueller Potenz, als Frau in Form von weiblicher Attraktivität. Plinius d. Ä. schrieb: »Insbesondere im sexuellen Begehren macht es [die Männer] energisch, stark und ausdauernd. Doch auch Frauen, die ihn tragen, hilft er, wenn sie Männern gefallen möchten.«[17]

Milon, einer der berühmtesten Muskelprotze der

Antike und sechsmaliger Sieger bei olympischen Ringkämpfen, soll angeblich einen Magenkies bei sich getragen haben, »und dadurch unbesiegbar«[18] gewesen sein. Es schien zu funktionieren, denn als Milon schließlich starb, war kein Gegner dafür verantwortlich, vielmehr handelte es sich laut Legende um einen der seltsamsten Todesfälle überhaupt. Als der Ringer wieder einmal seine Stärke unter Beweis stellen und einen Baumstamm mit bloßen Händen in Stücke reißen wollte, rutschten die Keile heraus, mit denen man das Holz bereits aufgespreizt hatte, und klemmten seine Hände ein. Selbst konnte er sich nicht mehr befreien, doch die erhoffte Hilfe blieb aus. Und während er wartete und sich vermutlich fragte, ob sein Hahnedelstein nun doch seine Macht verloren hatte, wurde er von einem Rudel Wölfe angegriffen und verschlungen.

Hähne standen auch im Zentrum eines weiteren eigenartigen magischen Rituals im alten Rom. Die Alektryomantie war eine Methode, die Zukunft vorherzusagen, bei der man den Vögeln beim Picken zusah. In dieser Version eines Ouija-Orakels sollte ein Hahn (wegen der Reinheit bevorzugt ein weißer) schwierige Lebensfragen beantworten, die sich auf politische Entscheidungen ebenso beziehen konnten wie auf die Erfolgsaussichten einer geplanten Heirat. Vor größeren Entscheidungen schrieb man also die Buchstaben des Alphabets in den Sand und legte auf jeden ein Getreidekorn. Der Wahrsager notierte dann genau, in welcher Reihenfolge der Hahn die Körner aufpickte. Aussagekräftig war auch die Art und Weise, wie ein Huhn sein Futter verschlang. Laut Berichten wurden Hähne häufig mit an den Kriegsschauplatz genommen, um das Ergebnis einer Schlacht vorauszusehen. Plinius schreibt, »kein mächtiger Herr oder der Staat Rom wagt es, die Tore seines Hauses zu schließen oder zu öffnen, ohne die Ratschlüsse dieses Federviehs zu kennen [...] Diese Vögel beherrschen die großen Herrscher aller Völker auf Erden.«[19]

Publius Claudius Pulcher, ein römischer Politiker und Kommandant der einzigen Flotte, die im Ersten Punischen Krieg eine deutliche Niederlage hinnehmen musste, wurde wegen Inkompetenz angeklagt und wegen Missachtung des Rates seiner Hühner mit einer saftigen Geldstrafe belegt. Als die heiligen Vögel an Bord seines Schiffs das Futter verweigerten – sicheres Zeichen für das bevorstehende Fiasko –, soll Publius sie mit dem Ausspruch *Ut biberent quoniam esse nollent* (»Wenn sie nicht fressen wollen, sollen sie eben trinken!«) ins Meer geschleudert haben. Publius hatte allerdings Glück, das Urteil hätte noch unangenehmer ausfallen können. Das römische Rechtssystem sah bisweilen extrem grausame und symbolkräftige Strafen vor. Auf den Mord an einem Elternteil oder engen Verwandten stand die *poena cullei*, die Säckung. Dazu peitschte man den Verbrecher aus, steckte ihn mit drei lebenden Tieren in einen Sack und warf ihn ins Wasser, sodass er ertrank. Bei den Tieren handelte es sich um einen Hund, einen Hahn und eine Viper. Die Schlange galt als Geschöpf der Unterwelt, wohin der Verurteilte auf dem Weg war, während Hund und

Hahn, denen man Wachsamkeit hinsichtlich eines Angriffs zuschrieb, dafür bestraft wurden, das Mordopfer nicht rechtzeitig gewarnt zu haben.[20]

Sehr klug eingesetzt wurden Hühner beziehungsweise ihre Federn von den Verteidigern der griechischen Stadt Ambracia während der Belagerung durch den römischen Feldherrn Marcus Fulvius Nobilior. Seine Truppen versuchten 189 vor Christus, die Stadtmauern niederzureißen, doch sobald die Soldaten eine Bresche geschlagen hatten, füllte die Bevölkerung diese mit Schutt. Wutentbrannt befahl der Feldherr, einen Tunnel unter der Mauer hindurchzugraben, doch die Belagerten hatten Wind davon bekommen und begannen selbst zu graben, um den Römern unter der Erde Aug in Aug gegenübertreten zu können. Als die beiden Tunnel sich schließlich trafen, flogen zwar Speere, doch eine Entscheidung führte der Kampf nicht herbei, und so erdachten die Griechen eine noch klügere List.

Sie füllten ein großes Tongefäß mit Hühnerfedern, schleppten es in den Tunnel und setzten es in Brand. Große Wolken dichten, beißenden Rauchs stiegen daraus empor, die die Griechen mit großen Blasebälgen, wie Schmiede sie benutzen, durch den Tunnel bliesen. Wie der zeitgenössische Historiker Polybios in seiner *Geschichte* schrieb: »Da nun alles auf die eben beschriebene Weise geschah, entstand ein ungeheurer und der Federn wegen durchdringender Qualm, der sich ganz in die feindliche Mine hineinzog, so daß die Römer außerordentlich durch ihn litten, ohne ihn aus den Gängen vertreiben oder aushalten zu können.«[21] In Hühnerfedern steckt giftiger Schwefel, sodass der Rauch den römischen Angreifern wohl den Atem nahm.

Auch wenn die Stadt Ambracia sich ihnen letztlich ergeben musste, blieb ihre Taktik in Erinnerung – sozusagen als frühester Einsatz einer Chemiewaffe in der Weltgeschichte.

In *De bello gallico*, das Julius Cäsar während seines brutalen Feldzugs zur Unterwerfung der Völker Nordeuropas verfasste, finden sich interessante Beobachtungen zu den keltischen Stämmen Britanniens: »Hase, Huhn oder Gans gelten als unerlaubte Speisen, doch hält man diese Tiere zu Lust und Vergnügen.«[22] In die kurze Passage wurde alles Mögliche hineininterpretiert. Es geht daraus deutlich hervor, dass Hühner die britische Küste bereits erreicht hatten, bevor Cäsars Truppen dort im Jahr 55 vor Christus landeten. Was jedoch »Lust und Vergnügen« sind, ist weniger klar. Manche Historikerinnen und Historiker vermuten Hahnenkämpfe, andere zeremonielle oder rituelle Zwecke.

Die Archäologie kann diese Wissenslücken füllen, insbesondere die Archäozoologie, die bei Grabungen für die Untersuchung tierischer Überreste zuständig ist. Anhand der Analyse von Geflügelknochen dieser Epoche konnte die Einführung der Hühner auf britischem Boden auf das 5. bis 3. Jahrhundert vor Christus und somit mindestens 200 Jahre vor der Invasion Cäsars datiert werden. Wie genau sie dort so lange vor den Römern landeten, ist nicht geklärt. Eine Theorie lautet, die Phönizier hätten sie in den Südwesten Britanniens mitgebracht, um sie gegen Zinn (ein Bestandteil von Bronze) einzutauschen. Auch in der Eisenzeit finden sich Hühner noch selten – und wenn, dann wurden sie sehr sorgfältig mit intakten Skeletten begraben. Die Anzeichen dafür, dass sie gegessen wurden – also Spuren der Schlachtung oder von menschlichen Zähnen an den Knochen –, fehlen ebenfalls. Die Analysen belegten auch, dass die Hühner der Eisenzeit, ähnlich wie die awarischen Hühner, erstaunlich lange lebten. In einer Studie der University of Exeter wurde nachgewiesen, dass sie zwei, drei oder gar vier Jahre alt wurden – ein gewaltiger Unterschied zu den zwei Monaten, die heutigen Hühnern vergönnt sind, bevor sie als Sonntagsbraten oder Nuggets enden.[23]

Aus diesen Bausteinen versucht man nun, die Rolle des Huhns in der britischen Eisenzeit zu erschließen, wobei es recht unwahrscheinlich erscheint, dass das Tier von Beginn an Nahrungsmittel war. Die Grabungen in ganz Britannien und anderen Gebieten Nordeuropas weisen ein interessantes Zahlenverhältnis von Hähnen zu Hennen auf, das anders wäre, hätte man es vor allem auf Fleisch oder Eier abgesehen. Angesichts von drei Hähnen, die auf eine Henne kommen, schließen die meisten Forschenden das aus.

Bei der Hühnerhaltung zu Nahrungszwecken haben Hähne einen schweren Stand. Die Hennen brauchen nur einen Hahn zur Befruchtung der Eier, zu viele Hähne liefern sich häufig heftige Kämpfe. Gesellschaften, die viele Eier essen, entledigen sich der männlichen Küken gleich oder verzehren sie innerhalb eines Jahres. Auch wenn es ums Fleisch geht, werden Hennen und Hähne früh geschlachtet, da es mit dem Alter zäher wird.

Wenn also die Forschenden an den Hühnerknochen keine Anzeichen für die Schlachtung und das Abnagen finden, dafür aber Skelette alter männlicher Vögel, weist das auf eine Kultur hin, die das Geflügel nicht wegen seiner Schmackhaftigkeit, sondern aufgrund der Symbolkraft, Seltenheit oder wegen des Sports schätzte. Eine nahe Chichester in West Sussex entdeckte seltene Münze aus der Eisenzeit zeigt das eigentümliche Bild eines Huhns mit Männerkopf. Aus dieser hybriden Kreatur schloss man, dass die keltischen Stämme sich wie die Griechen und Römer mit Vorstellungen von Männlichkeit und Kampf auseinandersetzten.[24] Es fand sich zwar keine weitere dieser Münzen in Britannien, doch ähnelt ihre Gestaltung einigen in Frankreich gefundenen Exemplaren, was auf Einflüsse über den Ärmelkanal hinweg oder eine gemeinsame Kultur hindeutet.

Möglicherweise wurde der Hahn in der Eisenzeit auch mit einer bestimmten Gottheit assoziiert. Die Griechen, Römer sowie die Völker Nordeuropas hatten den Glauben an verschiedenste Göttinnen und Götter gemein, die jeweils über spezielle Attribute und Fähigkeiten verfügten. Trotz unterschiedlicher Namen hatten die Gottheiten häufig ähnliche Eigenschaften. In Rom verehrte man beispielsweise Merkur, einen Gott, der im Morgengrauen geboren wurde und als Götterbote und Begleiter der Seelen ins Jenseits fungierte. In der römischen Mythologie standen für ihn der Bock, Symbol der Fruchtbarkeit, sowie der Hahn, ein ebenso lüsternes Tier, das zugleich den Tagesanbruch verkündet. Eine besonders rührende Entdeckung der letzten Jahre war die feine Bronzefigur eines Hahns im Grab eines Kleinkinds im römischen Cirencester in Gloucestershire. Das Kind war liebevoll mit winzigen Nagelschuhen an den Füßen, einer Schnabeltasse aus Ton und eben dem Hahn bestattet worden. Die Forschung geht davon aus, dass die trauernden Eltern die Tierfigur als Symbol Merkurs ins Grab legten, in der Hoffnung, sie werde das Kind auf dem Weg ins Jenseits behüten.

Cäsar beobachtete bei den britischen Stämmen den Glauben an einen Merkur ähnlichen Gott. Wie er bei ihnen hieß, ist unklar, doch Cäsar genügten die Parallelen, um ihm den römischen Namen zu verpassen: »Von den Göttern verehren sie hauptsächlich Mercurius. Er hat die meisten Bilder [...].«[25] Sicher hat Cäsar einem keltischen Gott seine eigene Interpretation übergestülpt, doch die Gemeinsamkeiten zwischen beiden Gottheiten reichten auf jeden Fall, um mit der Zeit den einen im anderen aufgehen zu lassen. Was auch immer der Hahn in der britischen Eisenzeit symbolisiert haben mag, nach der Eroberung durch die Römer im 1. Jahrhundert nach Christus wurde er in weiten Teilen des Landes zu einem wiedererkennbaren und machtvollen Emblem. In den dreieinhalb Jahrhunderten, die Britannien unter römischer Herrschaft verbrachte, vermischten sich viele handwerkliche und religiöse Praktiken Roms und der Eisenzeit. In diese Zeit der Synthese zwischen Besatzern und indigenen Stämmen, auch als romano-britische Periode bezeichnet, avancierte der Hahn zum beliebten, mit Merkur und seinen Eigenschaften synonymen Motiv. Derart mit religiöser Bedeutung aufgeladen, war er auch das ideale Opfertier.

Als Arbeiter 1976 im Auftrag eines Wasserversorgers einen Rohrgraben aushoben, stießen sie am Rand des Dorfs Uley in Gloucestershire auf die Reste eines Tempels. In den folgenden zwei Jahren förderten archäologische Grabungen eine über Tausende von Jahren genutzte Ritualstätte zutage. Der Ort übte auf viele Generationen der lokalen Bevölkerung eine starke Anziehungskraft aus – neolithische Stämme hatten Steine aufgerichtet, in der Eisenzeit folgte eine Einfriedung mit zwei Holzschreinen. Als die Römer schließlich in der verschlafenen Gegend in den Cotswolds ankamen, bauten sie einen steinernen Tempel und weihten ihn Merkur. Erstaunlich war die schiere Menge tierischer Überreste, die man dort fand: Von etwa einer Viertelmillion Knochen stammten überproportional viele von Schafböcken und Hähnen. Außer dem Geschlecht war auch das Alter der Tiere sehr aussagekräftig: Es handelte sich um junge Böcke von bester Gesundheit und ebenso sorgfältig ausgewählte Hähne. Man hatte sie offenbar überwiegend im Herbst geopfert, vielleicht zu einem jahreszeitlichen Fest.

Die rituelle Tötung Tausender gesunder Böcke und Hähne, die Merkurs Attribute verkörperten, war eine Form des Dialogs zwischen der romano-britischen Bevölkerung und dem Gott, aber zugleich zeit- und kostenintensiv für die Gemeinschaft, die die Tiere großzog. Zur Ehrung und Besänftigung Merkurs und um sich seines Wohlwollens zu versichern, galt die Opferung vermutlich als unerlässlich. Heute können wir uns kaum vorstellen, wie machtvoll und dauerhaft dieses Glaubenssystem war. Kurz nach der Errichtung des Tempels wurde zudem eine lebensgroße

Merkurstatue aus dem Kalkstein der Cotswolds geschaffen, die zusammen mit einem steinernen Bock und Hahn auf einem Sockel stand. Als die Römer gegen Ende des 4. Jahrhunderts ihren Einfluss in der Region verloren, stürzte man das Standbild und brach es in Stücke. Doch wer auch immer dafür verantwortlich war, hatte interessanterweise den Glauben an den Gott noch nicht verloren oder die spirituelle Macht des Orts gebrochen. Denn Merkurs Kopf wurde sorgfältig abgetrennt und zusammen mit dem Bock unter der gepflasterten Basis des Gebäudes begraben. Auch die Beine und der Körper des Hahns wurden in die Fundamente eines Baus eingearbeitet, der anstelle des römischen Tempels entstand. Ein so achtsamer Umgang mit Merkurs Überresten deutet darauf hin, dass der Glaube an die Macht der Statue und ihrer steinernen Begleiter, Gutes oder Böses zu bewirken, nicht erloschen war.

Mithras ist ein weiterer römischer Gott, der mit einem Hahn in Verbindung gebracht wurde. Es handelte sich wohl ursprünglich um eine indoiranische Gottheit, die für Loyalität und Gerechtigkeit stand, doch in der Hochzeit des *Imperium Romanum* wandelte sich seine Verehrung zu einem Geheimkult. Über die Praktiken ist zwar wenig bekannt, doch geht die Archäologie davon aus, dass der Mithraskult nur Männern zugänglich war und gegenseitige Treue und Verpflichtung feierte – Tugenden, die vor allem das Militär ansprachen, zuerst Kaiser und Feldherren, später auch gewöhnliche, vor allem an den Reichsgrenzen stationierte Soldaten.

Zwar ist unklar, wie die Rituale genau abliefen, doch wurden an diversen Kultstätten offenbar erstaunlich große Mengen an Hähnen geopfert. Ein Tempel im belgischen Tienen lieferte Hinweise, dass in einer einzigen Zeremonie nahezu 300 Hähne zu Tode kamen, und in Mithrastempeln in London waren Hühner die am häufigsten geopferte Tierart.[26] Vielleicht lag es an der Streitlust des Hahns, die ihm eine Hauptrolle in militärischen Ritualen verschaffte; aber es gibt noch eine andere plausible Erklärung: Der ursprüngliche indoiranische Mithras war auch der Gott des Lichts und der Sonne, und die Opfer könnten mit der Bedeutung des Hahnenschreis bei Tagesanbruch verknüpft gewesen sein.

Seine spirituelle Rolle behielt der Hahn während der Herrschaft Roms in Britannien, zugleich jedoch begann man ihn im Reich auch als Nahrungsquelle zu schätzen. Archäologische Quellen und Dokumente zeigen, dass die Römer zu ausgezeichneten Hühnerzüchtern wurden und sich die entsprechenden Kenntnisse auch in den eroberten Gebieten verbreiteten. Im römischen Fort Vindolanda in Northumbria südlich des Hadrianswalls wurden mehr als tausend dünne postkartengroße Tafeln gefunden, deren Inhalt der Geschichtsforschung faszinierende Einblicke in das Alltagsleben in einem der äußersten Winkel des Römischen Reichs ermöglicht. Neben Einladungen zu Feiern, militärischen Anordnungen, persönlichen Mitteilungen bis zu Bierbestellungen enthalten diese Notizen aus dem 1. und 2. Jahrhundert auch Einkaufslisten für die Märkte und Händler vor Ort. Auf einem der Täfelchen steht: »Hühner, zwanzig [...] einhundert bis zweihundert Eier, wenn sie zu einem vernünftigen Preis verkauft werden [...] 8 Sextarii* Fischsauce [...] 1 Modius** Oliven«. Hühner und Eier standen ganz offensichtlich auf dem Speiseplan.

Columella, produktiver Verfasser landwirtschaftlicher Werke aus dem 1. Jahrhundert nach Christus, widmete einen umfangreichen Abschnitt seines Werks *De Re Rustica* (Über Landwirtschaft) der Hühnerhaltung. Darin beschrieb er detailliert die Vermehrung und Aufzucht der Tiere zu »ökonomischen Zwecken«. Columella hielt fest, dass die Griechen vor allem auf Körpergröße und Aggressivität achteten, während die Römer mehr und mehr Wert auf die Eier- und Fleischerzeugung legten. Durchaus missbilligend merkte er an: »[...] doch sehe ich dabei allerdings ab von jener Liebhaberei der Griechen, die gerade die wildesten Hähne für Kampf und Streit dressierten. Ich nämlich möchte rührigen Gutsherrn zu Einkünften verhelfen, nicht aber einem Abrichter von Kampfhähnen, dem in der Regel das ganze Vermögen als Unterpfand der Wette der siegreiche Kampfhahn davonträgt.«[27]

Einige Rassen, vor allem aus Rhodos und Persien, waren schwere und gute Kampfhähne, aber schlechte Legehühner. In der römischen Landwirtschaft fing man an, Hähne und Hennen verschiedener Regionen des Reichs und anderer Länder zu kreuzen. Eigenschaften wie Brutfreudigkeit und viel Fleisch standen

* Hohlmaß für Flüssigkeiten, etwas mehr als ein halber Liter.

** Hohlmaß, entsprach 16 Sextarien, etwa 8,7 Liter.

ganz oben auf der Wunschliste, ebenso wie Aussehen und Verhalten.[28]

Es überrascht durchaus, wie kommerziell bereits die römische Hühnerhaltung betrieben wurde. Columella thematisiert die Belüftung der Ställe, ausgewogenes und nahrhaftes Futter, die Schlachtung, die Behandlung von Krankheiten und geschäftliche Gepflogenheiten. Völlig emotionslos und mit der typischen tödlichen Effizienz wurde damals auch das Stopfen perfektioniert, eine von städtischen Hühnerhaltern praktizierte Methode der Geflügelmast. Die Jungvögel wuchsen auf dem Dorf weitgehend im Freiland auf und wurden in die Stadt gebracht, um sie in speziellen Einrichtungen fett zu füttern. Dort stopfte man sie, ähnlich wie Gänse und Enten für Foie gras, mit häufigen Gaben von eingeweichtem Schrot oder Brot und hielt sie bis zur Schlachtung drei bis vier Wochen in dunklen, engen Käfigen.[29]

Viele der römischen Praktiken erscheinen aus heutiger Sicht sehr modern, wie die Produktivitätssteigerung durch Selektion der besten Legehennen sowie das Schlachten der unproduktiven und älteren Hühner. Einige der Halter waren sogar in der Lage, befruchtete Eier zu identifizieren und künstlich zu bebrüten, auch baute man überdachte Tränken, um das Wasser für die Hühner frisch und sauber zu halten.

Neben durchaus vernünftigen Methoden der Tierhaltung kamen jedoch auch Aberglauben und bizarre Hausmittelchen auf dem Hühnerhof zum Einsatz. Columella machte sich insbesondere Gedanken über den »Pips«, ein Sammelbegriff für alle möglichen Atemwegserkrankungen bei Geflügel, wegen derer die Hühner mühsam durch den Schnabel atmen. Er schlägt eine ungewöhnliche Behandlung vor: »[...] manche füllen den Schnabel mit lauem Menschenurin und halten ihn so lange zu, bis die Bitterkeit die Tiere zwingt, den ekelhaften Schleim durch die Nase hinauszubefördern.«[30] Gewitter stand im Ruf, den Geschmack der Eier zu beeinträchtigen und ungeschlüpfte Küken zu töten. »Sehr viele legen auch unter die Lagerschüttung etwas Gras und Lorbeerzweige, auch Knoblauchzwiebeln und Eisennägel; das alles bietet angeblich Schutz gegen den Donner, der die Eier schädigt und die halb ausgebildeten Küken tötet, bevor sie in all ihren Teilen voll entwickelt sind«, schreibt Columella. Küken musste man angeblich besonders vor bösen Mächten schützen: »[...] man verhüte auch, daß sie von Schlangen angezischt werden, deren Atem so verderblich ist, daß er sie alle umbringt. Vermeiden läßt sich das dadurch, daß man öfters Hirschhorn*, Galbanum** oder Frauenhaar verbrennt, denn der Qualm von all diesem vertreibt die genannten Schädlinge.«[31]

Im alten Rom nutzte man die Eier nicht nur als Nahrungsmittel, sondern auch zur Herstellung von Farben. Eitempera entsteht, indem man Eigelb als

---

* Durch die Erhitzung des gemahlenen Geweihs von Hirschen entstehen Ammoniak und Kohlendioxid. Das sogenannte Hirschhornsalz wurde vor Erfindung des Backpulvers auch als Backtriebmittel eingesetzt (teilweise heute noch in traditionellen Rezepten für Lebkuchen oder Pfeffernüsse).

** Galbanum (Galbanharz) ist der eingetrocknete Pflanzensaft einer Gruppe von Doldengewächsen, die mit dem Fenchel verwandt sind.

schnell trocknendes Bindemittel mit Farbpigmenten vermischt. Die zähflüssige Textur von Ei verleiht den Farben nicht nur eine gut zu verarbeitende Konsistenz, sondern den Bildern nach dem Trocknen auch einen strapazierfähigen schimmernden Überzug. In Rom wurde die Technik perfektioniert und zusammen mit Bienenwachs- oder Kleisterfarben zur Bemalung von Gebäuden eingesetzt. Ausgrabungen römischer Häuser belegen quer durch alle Gesellschaftsschichten prächtige Ornamente und bunte Wandgemälde in praktisch allen Räumen. Während wir bei römischer Malerei vor allem an Fresken denken (wozu die Pigmente auf den feuchten Kalkputz der Wand aufgebracht werden), nutzte man auf trockenen Oberflächen, insbesondere Holz, auch Eitempera.

Eines der berühmtesten noch erhaltenen Beispiele für Eitempera datiert etwa aus dem Jahr 200. Der Septimius-Severus-Tondo zeigt den Kaiser und seine junge Familie in glücklicheren Zeiten, bevor der Sohn sein Massaker verübte. Der kleine Caracalla und sein jüngerer Bruder Geta wurden vermutlich in einem kurzen Moment zwischen zwei Hahnenkämpfen porträtiert. Nach Getas späterer Ermordung durch Caracallas Soldaten wurde auch das Gemälde verstümmelt, indem man das Gesicht Getas wegkratzte und mit Exkrementen beschmierte – der Fachbegriff dafür lautet *damnatio memoriae*, die offizielle Auslöschung seines Andenkens durch Caracallas Anhänger.

Natürlich gelangte das Huhn aus seiner südostasiatischen Heimat nicht nur nach Westen. Viel bemerkenswerter als seine Reise über den Nahen Osten zu den Zivilisationen des Westens war sein Weg nach Osten durch die Überquerung des unermesslich weiten Pazifischen Ozeans. Auf der Spur des Huhns, das von einer einsamen Insel zur nächsten gelangte, können Historikerinnen und Historiker auch die Geschichte der menschlichen Seefahrt erschließen, ein faszinierender und noch wenig erforschter Aspekt der Migrationsgeschichte.

Belege deuten darauf hin, dass um 3000 vor Christus Fischer und Bauern, die bereits Erfahrungen mit langen Kanufahrten gesammelt hatten, mutig in das blaue Nichts hineinpaddelten. Die Vorfahren der heutigen polynesischen Bevölkerung kamen wahrscheinlich aus Taiwan, besiedelten auf ihrem Weg die Inseln, auf denen sie landeten. Sie brachten die domestizierten Tiere und Pflanzen mit, von denen sie lebten. Etwa um 800 vor Christus hatten die nachfolgenden Generationen Samoa und Tonga erreicht, die etwa 8 000 Kilometer vom Ausgangspunkt entfernt lagen. Nach einer tausendjährigen Unterbrechung erreichte eine zweite Migrationswelle im Jahr 700 das noch weiter östlich gelegene Tahiti, 200 Jahre später Hawaii und im Jahr 1200 Neuseeland.

Wie weit nach Osten die antiken Polynesier und ihre Hühner gelangten, darum wird nach wie vor gestritten. Oft wird die Osterinsel (Rapa Nui) als letzte Anlegestelle dieser unerschrockenen Pioniere genannt. Sie liegt spektakulär einsam und isoliert etwa 3 200 Kilometer von der Westküste Chiles entfernt. Irgendwann zwischen 800 und 1200 landeten dort Männer, Frauen und vielleicht auch Kinder mit ihren Kanus. Sie brachten ihre Kenntnisse, Werkzeuge sowie Tiere und Pflanzen für die Landwirtschaft mit. Außer Bananen, Zuckerrohr und Taro waren auch Hühner und entweder versehentlich oder als Nahrungsquelle polynesische Ratten an Bord.

Einige Archäologen und Genetikerinnen gehen allerdings davon aus, dass sie da noch nicht haltmachten. Ob die Menschen aus Polynesien es ganz über den Pazifik und damit viele Hundert Jahre vor Kolumbus bis an die Küste Südamerikas schafften, wird immer noch heftig diskutiert. Im Zentrum der Debatte stehen zwei Nahrungsmittel, Süßkartoffeln und Hühner, auch die Huhn-und-Pommes-Theorie der Migration genannt. Die ursprünglich südamerikanische Süßkartoffel war bereits lange vor Kolumbus auf die Inseln des Südpazifiks gelangt: Bei archäologischen Grabungen wurden Überreste gefunden, die auf das Jahr 1100 oder früher zu datieren sind.[32] Manche Fachleute sind der Ansicht, die Süßkartoffel sei eher zufällig auf den Wellen von der südamerikanischen Küste zu den abgelegenen südpazifischen Inseln getragen worden, andere glauben, die Knolle sei zwischen verschiedenen Kulturen gehandelt worden. Die lexikalische Ähnlichkeit zwischen dem altpolynesischen Wort für Süßkartoffel – *kuumala* – und dem Wort der südamerikanischen Quechua-Sprache – *kumara*, *cumar* oder *cumal* – deutet ebenfalls auf den Kontakt zweier geografisch entfernter Völker vor Kolumbus hin.

Auch der Fund von Hühnerknochen an einer archäologischen Grabungsstätte an der chilenischen Küste liefert Hinweise auf das präkolumbianische Zusammentreffen von polynesischen und indigenen südamerikanischen Gruppen. Sehr lange gingen Fachleute davon aus, dass portugiesische oder spanische Entdecker die Hühner irgendwann im 16. Jahrhundert auf den Kontinent gebracht hatten. Analysen dieser alten Knochen wiesen jedoch auf das späte 14. Jahrhundert hin, also mindestens hundert Jahre vor der Ankunft der Europäer. Außerdem zeigten sich Parallelen zur DNA der auf Tonga, Samoa und der Osterinsel gefundenen prähistorischen Hühnerreste.[33] Faszinierend bleibt jedoch, dass man in der DNA heutiger südamerikanischer Menschen noch keine Hinweise auf polynesische Vorfahren nachweisen konnte. Das hieße, die Polynesier wären gelandet, hätten Hühner gehandelt, ausgesetzt oder verschenkt und dann sofort wieder kehrtgemacht, um nach Hause zu fahren.

Für Forschende, die sich mit den Navigationskünsten des polynesischen Volks beschäftigt haben, steht außer Frage, dass dieses bis nach Südamerika gelangt ist. Haben die Menschen damals die Osterinsel wie eine Nadel im Heuhaufen gefunden, dürfte die Entdeckung der Küste eines ganzen Kontinents für sie kein Problem dargestellt haben. Und falls sie von der Osterinsel ablegten, hätte die Überfahrt zum nächstgelegenen Punkt an der Küste Chiles nur einige Wochen gedauert – für eine erfahrene Besatzung und ihre gefiederte Ladung durchaus machbar.

Man geht davon aus, dass die polynesischen Seeleute ihre Kenntnisse in Navigation in Erzählungen und Liedern weitergaben und dass sie die Sterne, die Meeresrhythmen und andere natürliche Phänomene nutzten, um sich in ihren Ausleger- und Doppelhüllenkanus mit Segeln zu orientieren. 1976 gelang es, solch ein traditionelles Boot zu rekonstruieren und damit von Hawaii nach Tahiti zu segeln – ohne Kompass, Sextant und andere nautische Instrumente. Die Crew hatte auch die polynesischen Landwirtschaftsprodukte geladen, um herauszufinden, wie Nutztiere und -pflanzen die Reise verkrafteten. Im Boot befanden sich ein Hund, ein Schwein, ein Hahn und eine Henne, außerdem austreibende Kokosnüsse, Brotfrüchte, Süßkartoffeln, Zuckerrohrwurzeln und andere Pflanzen, die in Polynesien vermutlich angebaut wurden. Unter ihrem Kapitän Kawika Kapahulehua brauchte die siebzehnköpfige Mannschaft nur 34 Tage für die 2 250 Seemeilen und noch weniger – drei Wochen – für die Rückfahrt. Und trotz einiger Verstimmungen und Streitereien zwischen den Crewmitgliedern überstanden Hund, Schwein, Hahn und Henne das Hin und Her bei guter Gesundheit.[34]

Ob Hühner den Pazifik erstmals wegen Hahnenkämpfen oder zur Eier- und Fleischerzeugung (oder wegen beidem) überquerten, bleibt unklar. Hahnenkämpfe sind nach wie vor eine beliebte und eifrig gepflegte Freizeitbeschäftigung auf vielen der Inseln, wobei die Geschichte dieses Sports nicht ganz einfach zu schreiben ist. Hinweise auf sein Alter stammen ausschließlich aus den wenigen schriftlichen Zeugnissen früher europäischer Forschungsreisender, und selbst die sind relativ neu im Vergleich zur langen Präsenz des Huhns in der Pazifikregion. Als der italienische Gelehrte und Entdecker Antonio Pigafetta 1571 erstmals Kontakt zu den Menschen auf den Philippinen hatte, war er erstaunt, dass es dort üblich war, Kampfhähne zu züchten und auf die Favoriten zu wetten. Voller Bewunderung schreibt er: »Sie haben auch ziemlich grosse und zahme Hähne, die sie aus einer Art Aberglauben nicht essen; sie unterhalten sie aber, um sie gegeneinander kämpfen zu lassen; alsdann werden Wetten gemacht, und Preise für die Eigenthümer der siegenden Hähne ausgesetzt.«[35]

William Marsden veröffentlichte 1783 seine *History of Sumatra*, nachdem er 13 Jahre für die britische Ostindien-Kompanie in der Region tätig gewesen war. Über den Hahnenkampf schrieb er: »[...] da ist ihre Begierde darnach so groß, daß es mehr eine ernsthafte Beschäftigung, als ein Spiel zu seyn scheinet. Selten findet man einen Mann in dem Lande reisen, der nicht einen Hahn unter dem Arm hätte, und oft findet man deren funfzig beysammen, wenn in einem der benachbarten Dörfer ein Bimbang ist. [...] Sie spielen bey ihren Zusammenkünften sehr hoch [...] und man hat Beyspiele erlebt, daß ein Vater seine Kinder oder seine Frau, und ein Sohn seine Mutter und Schwestern auf den Ausgang eines Gefechts setzten, sie verlohren und in Verzweifelung geriethen.«[36]

Zugleich wurden die Hühner und ihre Eier auf vielen der pazifischen Inseln auch gegessen. 1722 setzte der erste Europäer seinen Fuß auf die Osterinsel. Als der holländische Kapitän Jacob Roggeveen und seine Mannschaft endlich Land betreten hatten, wobei sie ungeniert etwa ein Dutzend Bewohner niederschossen, versuchten Letztere den Frieden mit einem Festmahl wieder herzustellen. »Nachdem die Bewohner der Insel die Macht unserer Gewehre kennengelernt hatten«, prahlte Roggeveen später, »behandelten sie uns sehr höflich und boten uns aus ihren Hütten alle möglichen Erdfrüchte, Zuckerrohr, Jambe Jambes*, Bananen und eine große Zahl an Hühnern an, was uns sehr schmeckte und erquickte.«

Angesichts der Tatsache, dass die Polynesier Hühner über weite Strecken des Pazifiks bis zu entlegensten Inseln transportierten, war Folgendes bis vor Kurzem noch ein Rätsel: Bei archäologischen Grabungen in Neuseeland wurden auffälligerweise keinerlei Hühnerknochen gefunden. Wenn die Polynesier Neuseeland im späten 13. oder frühen 14. Jahrhundert besiedelten und dorthin wie anderswo auch Hühner mitbrachten, warum gibt es dann keine Belege für jahrhundertelange Hühnerhaltung und den Verzehr von Geflügel? Forschende versuchten die Frage kürzlich durch Radiokarbondatierung der seltenen historischen Hühnerknochen Neuseelands zu beantworten – mit überraschenden Ergebnissen.[37] Die Überreste waren erstaunlich jung, sie stammen aus einem sehr engen Zeitfenster in der zweiten Hälfte des 18. Jahrhunderts – und damit von vor der dauerhaften europäischen Besiedelung Neuseelands ab 1840, als England die Inseln annektierte, aber weit nach Ankunft der Polynesier, deren Nachfahren die Maori sind. Die überzeugendste und spannendste Erklärung lautet, dass die Hühner

* möglicherweise Yamswurzel

von James Cook bei der zweiten Expedition mit seinem Schiff Resolution 1773 eingeführt wurden.

Cook schenkte den Oberhäuptern vor Ort häufig Haustiere. Als er am 8. Oktober 1769 Neuseeland erstmals in Tūranganui-a-Kiwa (die er später Poverty Bay nannte) betrat, war seine Begegnung mit den Maori ein Desaster. Innerhalb weniger Tage hatten die Briten zahlreiche Indigene erschossen, darunter Te Maro, einen lokalen Anführer. Bei seiner zweiten und dritten Expedition versuchte Cook, diesen Fehler zu vermeiden und diplomatischer vorzugehen, indem er Schmuck und Tiere überreichte. Und so kamen bei seinen Besuchen Wildschweine, Ziegen und Hühner an Land. Am 3. November 1773 notiert er in seinem Tagebuch, er habe einem Maori-Häuptling in Cloudy Bay zwei Hähne und zwei Hennen übergeben, die jener jedoch so desinteressiert entgegengenommen habe, dass Cook um ihr Überleben fürchtete.[38] Cook selbst verschenkte auf der ganzen Insel insgesamt 19 Hühner, doch geht man von weiteren Exemplaren aus, die von der restlichen Mannschaft heimlich verkauft oder verschenkt wurden. Cook gab zu: »Wir lassen mehr Hähne und Hennen zurück, als ich weiß, denn mehrere unserer Leute besaßen ebenso wie ich welche, und einige davon setzten sie an Land aus oder verkauften sie an die Eingeborenen, die sich ausreichend um sie zu kümmern schienen.«[39]

Cook brauchte die Hühner nicht nur als Tauschobjekte, er hatte darüber hinaus ein wichtigeres Motiv, Nutztiere in Neuseeland anzusiedeln. Denn während seine erste Reise noch von der Royal Society finanziert worden war, um den Venustransit zu erforschen, ging es England im Folgenden darum, sich Neuseeland und weitere Pazifikgebiete für den Handel und die wirtschaftliche Nutzung zu sichern. Cooks Mannschaft ließ dort also ganz bewusst Schweine, Ziegen und Hühner als Nahrungsquelle für künftige kommerziell motivierte Besuche zurück.[40]

Cook hoffte auf positive Aufnahme, doch nach allem, was wir wissen, reagierten die Maori äußerst desinteressiert auf die Hühner. Das könnte auch erklären, warum sie sich vor dem Auftauchen der Europäer nicht um Geflügel geschert hatten. Vor der Ankunft der Polynesier war Neuseeland Heimat einer ganzen Reihe auffallender und einzigartiger Laufvögel. Darunter befanden sich mehrere Arten von Moas, die von Truthahngröße bis zu drei Meter hohen und 300 Kilo schweren Riesen reichten. Diese Tiere konnten sich weder verteidigen noch fliegen und schmeckten darüber hinaus auch noch köstlich – drei unwiderstehliche Eigenschaften für die frühen polynesischen Siedler. Und selbst wenn diese ein paar Hühner in ihre Kolonie mitgebracht hatten wie auf anderen Inseln, stellten sie vermutlich schnell fest, dass dieses Land ihnen mehr Protein zur Verfügung stellte, als es ihr Hausgeflügel je könnte – somit gab es keinen Grund, Hühner zu halten, wenn es so reichlich wilde Alternativen gab.

Allerdings waren innerhalb von 200 Jahren polynesischer Kolonisation die meisten größeren Wildtiere durch Jagd ausgerottet. Auch wenn die Inseln bis ins 18. Jahrhundert Nahrung in Form von Seevögeln, Seelöwen, Robben, Schalentieren und Fischen bereitstellten, könnte Cook an einem Wendepunkt eingetroffen sein, als die Maori von spürbarer Knappheit betroffen waren. Ihr anfängliches Desinteresse am Huhn, das sich mit dem früheren Überfluss erklären lässt, wich möglicherweise bald der Einsicht, dass das Geflügel ihr Überleben sichern konnte. Was genau mit Cooks persönlichen Hühnern passierte, ist nicht überliefert. Doch seine Befürchtung, sie könnten ein rasches Ende finden, war vermutlich unbegründet, denn die Maori fingen offenbar sehr bald an, Hühner zu halten und sie untereinander zu handeln. Auch andere aus Europa eingeführte Lebensmittel wie Kartoffeln, Möhren und Kohl wurden zu einem zentralen Bestandteil der Ernährung und Wirtschaft der Maori.

Es bleibt allerdings eine Frage: Als den Maori im 15. Jahrhundert aufging, dass sie Neuseelands große Wildvögel durch ihre Jagd ausgerottet hatten, warum kamen sie als erfahrene Seeleute nicht auf die Idee, mit anderen entfernten polynesischen Gemeinschaften in Handelsbeziehungen zu treten und erneut Moas einzuführen? Alle archäologischen Befunde sprechen dafür, dass ab der Mitte des 15. Jahrhunderts die langen Überfahrten zwischen den verschiedenen pazifischen Inseln dramatisch zurückgingen. Was war mit den jahrtausendealten nautischen Kenntnissen und Erfahrungen geschehen? Eine These lautet: Das »Wetterfenster«, die perfekten Wind- und Meeresbedingungen, die früher die langen Reisen ermöglicht hatten, schloss sich plötzlich, um sich nie wieder zu öffnen. Ohne die passende Brise beherrschten die Polynesier mit ihren Hühnern offenbar nicht mehr länger die Wellen.

Dass ein Huhn trotz rauer See gut mit dem Leben

an Bord zurechtkommt, mag schwer vorstellbar sein, und doch lässt sich das Thema mit einer sehr niedlichen Geschichte abschließen. 2019 nämlich brachte der *Observer* einen Artikel über »den Mann, der die Welt mit einem Huhn umsegelte«. Von 2014 bis Ende 2018 fuhr der junge französische Abenteurer Guirec Soudée mit seiner Henne Monique (kurz Momo) in einem kleinen Einmannboot rund um die Welt. Von der Bretagne aus brachten Kapitän Soudée und sein gefiederter Maat über 72 000 Kilometer hinter sich, sie überquerten den Atlantik und machten an Nord- und Südpol halt, bevor sie nach Hause zurückkehrten. Soudée hatte sich für seine einsame Fahrt eine Begleitung gewünscht und sich für das Rhode-Island-Huhn Monique entschieden, da es ihm nicht nur Gesellschaft leisten, sondern ihn auch mit Eier versorgen konnte.

Mit jeweils einem Hühnerkorb an Deck und in der Kabine konnte Monique auch bei schlechtesten Wetterbedingungen trocken bleiben, schlafen und Eier legen, doch tatsächlich wich sie Soudée kaum von der Seite, trippelte an Deck auf und ab und sah, wie die Welt an ihr vorüberzog. Bei diversen Zwischenhalten vertraten sich Soudée und Monique die Beine und genossen die Aussicht. In Grönland mussten die beiden – gefangen im Polareis – sogar überwintern. Unbeirrt fabrizierte Soudée für Monique einen kleinen Schlitten und aus seinen Wollhandschuhen einen Überzieher, und so gingen sie auf Entdeckungstour und lernten Polarfüchse, Karibus und das Polarlicht kennen. In dieser Zeit legte Monique über hundert Eier für ihren Begleiter, was ihm vermutlich das Leben rettete, als der Proviant gefährlich knapp wurde. Nachdem das Eis geschmolzen war, setzten Soudée und Monique ihren Weg fort und gingen als jüngster Kapitän und erstes Huhn, die erstmals die Nordwestpassage meisterten, in die Geschichte ein. Die Polynesier wären stolz auf sie gewesen.

3.
Idole

Du sollst Hahn und Henne ehren

Das Dorking-Huhn

Im ländlich grünen Londoner Stadtteil Highgate steht Lauderdale House, ein prachtvolles Gebäude aus der Tudorzeit, das 1961 restauriert wurde. Als die Arbeiter im ersten Stock in der sogenannten Long Gallery behutsam Backsteine rund um den Kaminsims zu entfernen begannen, entdeckten sie ein kleines geheimes Kämmerchen, das 400 Jahre zuvor zugemauert worden war. Darin fanden sie ein Glas, zwei nicht zusammenpassende Schuhe, einen Kerzenhalter und ein Stück Schnur. Abgesehen von diesen auf den ersten Blick wie zufällig zusammengewürfelt wirkenden Haushaltsgegenständen lagen noch die unberührten Überreste von vier Hühnern sowie ein Ei darin. Spätere Analysen ergaben, dass zwei der Hühner stranguliert worden waren, die anderen beiden hatte man lebendig eingemauert. Eines hatte in Erwartung seines grausamen Schicksals wohl noch ein Ei gelegt.

Dieses gruselige Allerlei, so wird vermutet, war ein »Gegenzauber«, um böse Geister oder Hexerei abzuwehren. Dutzende solcher häuslichen Ritualstätten hat man bisher in alten Gebäuden gefunden. Zu den typischen Gegenständen gehören abgetragene Schuhe, Metallwerkzeuge oder Scheren, aber auch Katzen, Vögel und andere Kleintiere wurden hinter Wänden oder unter Fußbodendielen eingesperrt. Es ist schwierig, sich in die mittelalterlichen Hausbesitzer hineinzuversetzen, aber die Objekte für den häuslichen Schutzzauber hat man wohl gezielt ausgewählt. Bestimmte Materialien wie Eisen hielt man für besonders wirksam gegen böse Mächte, Eigenschaften wie die scharfen Kanten einer Schere sollten rein physisch abschrecken, und einzelne Schuhe assoziierte man traditionell mit Fruchtbarkeit und gesunden Säuglingen. Bestimmte Lebewesen dagegen waren angeblich die »Gefährten« oder »Vertrauten« der Hexen. Mit ihrem Tod sollte ihr Geist im Reich des Übernatürlichen tätig werden und die schlechten Einflüsse abfangen oder vertreiben.[1]

»Vertraute« waren Kleintiere, die man von einem bösen Geist bewohnt glaubte, dessen frevelhafte Befehle sie ausführten. Katzen, Frettchen, Kröten und sogar Hühner standen auf dieser Liste des Aberglaubens. Im berüchtigten Fall der Hexen von Warboys in Cambridgeshire wurden Alice Samuel, ihr Mann und ihre Tochter in den Jahren 1589 bis 1593 wegen Hexerei gehängt. In zahlreichen Zeugenaussagen ging es um Alice und ihr Huhn. Angeblich habe Alice den Teufel in ein braunes Huhn verwandelt, und das »redete vertraulich mit ihnen, sagte, es komme von Mutter Samuel (die es seine Herrin nannte), es ward von ihr geschickt, um die Kinder verschiedentlich zu quälen und zu plagen«.[2]

In den ostenglischen Hexenprozessen des 17. Jahrhunderts, die der eifrigste Hexenverfolger Englands, Matthew Hopkins, durchführte, wurden über 120 Frauen und Männer aus Suffolk der Hexerei bezichtigt und in Bury St. Edmunds vor Gericht gestellt. Viele der von Hopkins erzwungenen Geständnisse beinhalteten die Besessenheit durch böse Geschöpfe, unter anderem ein Huhn namens Nan oder anderes namenloses

Hausgeflügel. Aus der festen Überzeugung heraus, diese Kreaturen agierten auf Befehl einer bösen Macht, wurden fast 70 Angeklagte hingerichtet.[3]

Im Lauf der Geschichte waren die armen Hühner immer wieder Gegenstand des Aberglaubens, in positiver wie negativer Rolle. Sie spielen in der Welt der Alltagsmagie eine eigenartig ambivalente Rolle, mal als Glücksbringer und dann wieder als Werkzeug der Hexerei oder Boten des Untergangs. Insbesondere mit Eierschalen sind verschiedenste abergläubische Vorstellungen verbunden. Persius, ein Dichter des 1. Jahrhunderts, machte sich über seine römischen Zeitgenossen lustig, die glaubten, zersprungene Eier würden böse Geister anlocken.[4] Diese Vorstellung hing mit einer Methode der Hellseherei zusammen, bei der Eier ins offene Feuer gelegt wurden. Platzte das Ei, bevor es hart war, musste man sich auf Unglück einstellen.

Plinius d. Ä. berichtete, dass »jeder, der Eier ausschlürft, deren Schalen sofort zerbricht«.[5] Die Überzeugung, die Schalen müssten nach dem Verzehr des Eis zerkleinert oder durchlöchert werden, hielt sich bis ins Mittelalter und darüber hinaus. Adrien Turnèbe, ein französischer Gelehrter des 16. Jahrhunderts, warnte davor, dass Hexen demjenigen, der ein Ei gegessen habe, Schaden zufügen könnten, indem sie die Schale durchbohrten. Ein Jahrhundert später beschrieb Thomas Browne in seiner brillanten Abhandlung *Vulgar Errors* (1646) den naiven Glauben: »Schon in der Kindheit bringt man uns bei, die Eierschale zu zerbrechen, wenn das Innere heraus ist, und das machen wir unser Leben lang so, wo es doch nur ein alter Aberglaube ist [...] er sollte Hexerei verhindern. Damit Hexen nicht ihren Namen hineinschreiben oder hineinbohren und den Besitzern Schaden zufügen konnten, zerbrach man die Schale.«[6]

Besonders kurios war die Vorstellung, eine Hexe könne die leere Eierschale als Boot für ihre teuflischen Unternehmungen nutzen. Reginald Scot wollte mit seinem Buch *The Discoverie of Witchcraft* (1584) sowohl Magie an sich widerlegen und zugleich diejenigen entlasten, die der Hexerei angeklagt waren. Er schreibt, dass »Leichtgläubige tatsächlich denken, Hexen könnten in Eier- oder Muschelschalen auf und unter Wasser das wild wogende Meer überwinden«.[7] Sie konnten sich angeblich kleinschrumpfen und dann diese winzigen Bötchen besteigen. Ben Johnson trieb die Idee in seinem Maskenspiel *Masque of Blackness* (1605) noch weiter und erdachte eine Nadel als Mast und eine Spinnwebe als Takelage.

Dem modernen Menschen mögen solche Ideen putzig vorkommen, zu jener Zeit waren sie tödlich. Auch wenn es die eine oder andere Stimme der Vernunft gab (wie Scot), hielten viele bis ins 19. Jahrhundert hinein unbeirrbar an den mittelalterlichen Vorstellungen fest. Auch gebildete und einflussreiche Menschen, darunter König Jakob I. und Mitglieder des Parlaments, waren zutiefst überzeugt von der Existenz von Hexen und ihrer Fähigkeit, »sich zu verkleinern, Schalen als Boote zu benutzen und mithilfe dieser mikroskopischen Welt, wenn nicht gar der Unterwelt, einen Sturm des Chaos und Bösen zu entfesseln«.[8]

Grace Sherwood war die letzte bekannte Person, die 1706 in Virginia wegen Hexerei verurteilt wurde. Eines ihrer Verbrechen bestand laut Nachbarn darin, in einer Eierschale über den Atlantik bis ins Mittelmeer gefahren zu sein. Ihr wurde vorgeworfen, in Europa einen Rosmarin ausgegraben, nach Amerika gebracht und in ihren Garten gepflanzt zu haben, wo das Kraut sich schnell akklimatisierte und ausbreitete. Ende des 19. Jahrhunderts hielt ein Journalist im *Harper's Magazine* fest: »Es stimmte zwar, dass sie niemandem Schaden zufügte, dennoch war ihr Verhalten unheimlich. Nur Hexen, die auf Besenstielen zu mitternächtlichen Treffen reiten, konnten in Eierschalen übers Meer fahren, und da Hexen ehrbare Leute verzaubern und schlechten Einfluss auf sie ausüben können, war Grace Sherwood eindeutig eine Hexe und musste angeklagt und bestraft werden.«[9]

Im *Edinburgh Magazine* kommentierte 1818 ein schottischer Journalist, wie beharrlich einige ältere Mitglieder des Gemeinwesens noch an dem alten Aberglauben festhielten: »Hier denkt man bei Norwegen vor allem an den Ort, an dem sich die Hexen zu ihren unheiligen Versammlungen treffen. Jeder, der diesen verzopften Einstellungen anhängt, zerbricht heile Eierschalen sofort, damit sie keinesfalls herbeigelockt werden.«[10] Der Eierschalenaberglaube war weit bis ins 20. Jahrhundert bekannt. Nach dem Ersten Weltkrieg verfasste Rudyard Kipling das Gedicht »Die Eierschale«, in dem eine Hexe einen kleinen blauen Teufel in einer Eierschale aufs Meer schickt und seinem Schicksal überlässt. Einige Jahre später dichtete die schottische Autorin Elizabeth Fleming aus dem alten Aberglauben ein Kinderlied.

Ganz im Becher lasst die Eierschalen nie,
denkt an uns arme Matrosen und zerbröselt sie,
sonst finden sie die Hexen, segeln darin übers Meer,
und bringen Seeleuten wie mir nur Miser'.

Eierschalen waren auch ein wichtiger Bestandteil von Volkserzählungen über sogenannte Wechselbälger, dämonische Kreaturen, die anstelle der Kinder oder Babys in deren Wiegen gelegt wurden. Verweise darauf finden sich in England seit Beginn des 16. Jahrhunderts. Es hieß, dass Feen und Elfen Säuglinge mitnähmen und dafür ihre eigenen, häufig älteren und übellaunigen Kinder hinterließen. Da diese den menschlichen Kindern auf den ersten Blick zum Verwechseln ähnlich sahen, mussten die Eltern herausfinden, ob ihr Kind echt war. Es wurde verschiedenen Prüfungen unterzogen, zum Beispiel an einem brennenden Feuer, oder über Nacht draußen liegen gelassen. Außer derartigen Misshandlungen gab es eine weitere Methode, um sicherzustellen, dass das Kind kein Wechselbalg war: Man musste es zum Lachen oder Sprechen bringen, indem man das verblüffende Kunststück vorführte, in einer Eierschale zu kochen. In den *Kinder- und Hausmärchen* der Gebrüder Grimm ist eine alte Volkserzählung enthalten, in der der Wechselbalg sein Alter und seinen wahren Charakter ausplaudert:

Einer Mutter war ihr Kind von den Wichtelmännern aus der Wiege geholt und ein Wechselbalg mit dickem Kopf und starren Augen hineingelegt, der nichts als essen und trinken wollte. In ihrer Not ging sie zu ihrer Nachbarin und fragte sie um Rat. Die Nachbarin sagte, sie sollte den Wechselbalg in die Küche tragen, auf den Herd setzen, Feuer anmachen, und in zwei Eierschalen Wasser kochen, das bringe den Wechselbalg zum Lachen und wenn er lache, dann sei es aus mit ihm. Die Frau that alles wie die Nachbarin gesagt hatte. Wie sie die Eierschalen mit Wasser über das Feuer setzte, sprach der Klotzkopf: »Nun bin ich so alt wie der Westerwald, und hab nicht gesehen, daß jemand in Schalen kocht.« Und fing an darüber zu lachen. Indem er lachte, kam auf einmal eine Menge von Wichtelmännerchen, die brachten das rechte Kind, setzten es auf den Herd und nahmen den Wechselbalg wieder mit fort.[11]

Das gleiche Mittel gegen Wechselbälger war auch in England bekannt. 1892 veröffentlichte der Volkskundler Joseph Jacobs ein Buch über keltische Folklore. Dort findet sich die gleiche Geschichte, allerdings mit Zwillingen und in Wales. In Jacobs Darstellung kochte die Mutter eine Suppe in der Eierschale und behauptete, sie sei für einen Trupp Mäher. Eine so kleine Menge konnte niemals für eine Gruppe hungriger Landarbeiter ausreichen, das war dem einen Zwilling sofort klar, der seine Zweifel lautstark äußerte.

Ich weiß, aus der Eichel kommt die Eiche
Und vor der Henne das Ei.
Dass eine Eierschale Suppe für hungrige Mäher reiche,
Das geht an der Wahrheit vorbei.

Da schnappte sich die Mutter die Zwillinge und warf sie in den Fluss, wo Elfen sie retteten und ihr die eigenen Kinder zurückgaben.[12]

Es ist durchaus bedeutsam, dass für die Überlistung der Wechselbälger eine Hühnereierschale zum Einsatz kommt. Der hartnäckige Glaube, Eierschalen könnten böse Mächte anziehen, führte oft zur Entwicklung von Gegenzaubern, die die Geister nach draußen locken sollten, wo man sie fangen konnte. Zahlreiche Beispiele für solche »Dämonenfallen« stammen von archäologischen Grabungen in Irak und Iran und lassen sich auf das 6. bis 8. Jahrhundert datieren. Tausende solcher »Beschwörungsschalen« sind bisher gefunden worden. Unter die umgedrehten Töpferwaren legte man eine beschriftete Eierschale und vergrub sie in der Hoffnung, sie würden die bösen Geister anlocken und außer Gefecht setzen – insbesondere solche, die Menschen und ihrem Eigentum Schaden zufügten.[13] Auch wenn der Großteil der Fundstücke aus dem frühen Mittelalter stammt, waren diese Praktiken schon zu römischer Zeit bekannt. So wurde im Jahr 17 nach Christus die Stadt Sardis in der heutigen Westtürkei von einem Erdbeben zerstört. Beim Wiederaufbau der Stadt platzierte die Bevölkerung Beschwörungsschalen und Eierschalen in den Fundamenten ihrer Häuser, um Geister, die ein erneutes Beben verursachen könnten, darin zu fangen.

Während leere Eierschalen für die Anhänger von Aberglauben Vor- und Nachteile bereithielten, ist das unversehrte vollständige Ei eine zentrale Metapher für die unterschiedlichsten Religionen der Welt. In vielen Kulturen, auch einigen der ältesten Hochkulturen, stand das Ei für den Ursprung der Welt oder des Universums – für Potenzialität, für das Nichts, das zum Etwas wird. Das Schlüpfen des Kükens nach einer langen Phase des Schlummerns im Ei war zugleich ein Sinnbild der Wiedergeburt und Erneuerung. In der antiken griechischen Mythologie ist die erste Gottheit aus einem kosmischen silbernen Ei geboren. Chronos, die Personifizierung der Zeit, legte das »orphische Ei«, aus dem Phanes, Schöpfer aller anderen griechischen Gottheiten, schlüpfte.

Vergleichbare Versionen einer auf dem Ei basierenden Kosmologie existieren in Glaubenssystemen und Philosophien rund um den Erdball. Meist enthält das Ei ein göttliches Wesen, das nach dem Schlüpfen den Himmel, die Erde und die Menschen erschafft. Pangu, die Schöpferfigur der chinesischen Mythologie, entstammt einem kosmischen Ei, die afrikanischen Dogon erzählen eine ähnliche Geschichte, wobei das Ei zwei Zwillingspaare enthielt. Im tahitianischen Mythos Ta'aroa formte die oberste Schöpfergottheit nach dem Schlüpfen aus der Eierschale und dem eigenen Körper Teile der Welt. Auch in anscheinend sehr unterschiedlichen Kulturen wie der frühägyptischen, japanischen, slawischen, finnischen, bantuischen, hinduistischen und vielen anderen sind die Vorstellungen überraschend ähnlich.

Auch wenn in der christlichen Lehre kein kosmisches Ei vorkommt, ist das Motiv natürlich dennoch präsent. Mitte des 18. Jahrhunderts vermutete der französische

Gelehrte Antoine de Gébelin, der Ostereierbrauch sei auf die frühen Theologien »der Ägypter, Perser, Gallier, Griechen, Römer usw. zurückzuführen, da bei allen das Ei Sinnbild des Universums, das Werk der obersten Gottheit ist«.[14] Die Christen, so argumentierte er, übernahmen Ei und Küken als Symbole der Auferstehung, weil sie so einfache und wirkmächtige Bilder für Jesus waren, der nach dem Begräbnis dem Grab entstieg.

Das Hühnerei spielt beim Osterfest eine wichtige Rolle. Eier gehörten zu den in der vorösterlichen Fastenzeit traditionell verbotenen Speisen. Der Ursprung des Brauchs ist unklar, doch bis ins 4. Jahrhundert hatte sich im Christentum die vierzigtägige Fastenzeit mehr oder weniger durchgesetzt. Der Verzicht auf Alkohol, Fleisch und andere tierische Produkte sollte an die 40 Tage erinnern, die Jesus in der Wüste verbrachte. Die in diesen Wochen gelegten Eier wurden hart gekocht und für den Ostersonntag aufbewahrt, wenn umso begeisterter wieder wie zuvor gegessen wurde. Die kurz darauf entstandene Tradition, die harten Eier auch noch zu verzieren, könnte ihre Wurzeln im frühen orthodoxen Christentum haben, das sich im östlichen römischen Reich entwickelte. Dessen Anhänger färbten die Eier als Erinnerung an das von Jesus bei der Kreuzigung vergossene Blut rot, was sich bis heute in griechischen, mittelöstlichen, russischen und slawischen Bräuchen gehalten hat.

Eine sehr heitere Beschreibung dieser alten Tradition lieferte im 16. Jahrhundert Richard Hakluyt in seinem bemerkenswerten Buch *The Principal Navigations, Voiages and Discoveries of the English Nation,* einer umfangreichen Sammlung wahrer Abenteuergeschichten aus den hintersten Winkeln der bekannten Welt. Über Russland schrieb er: »Sie haben für Ostern eine Anweisung, die sie alle befolgen, und zwar: jedes Jahr vor Ostern eine große Zahl an Eiern mit Brasilholz zu färben, von denen jeder Mann und jede Frau eines am Ostermorgen dem Priester der Gemeinde überreicht.« Eine besondere Freude am Festtag sei es, gefärbte Eier als Zeichen der Zuneigung zu tauschen. »Wenn sich während der Osterfeierlichkeiten zwei Freunde treffen, fassen sie sich an der Hand, und einer der beiden sagt: ›Der Herr oder Christus ist auferstanden‹; der andere antwortet: ›Er ist wahrhaftig auferstanden‹; dann küssen sie sich und tauschen ihre Eier, sowohl Männer als auch Frauen, und so küssen sie vier Tage lang.«[15]

Noch immer ist der Austausch verzierter Eier ein wichtiger Bestandteil des russischen Osterfests. Besonders bekannt sind die Exemplare, die die Zarenfamilie Romanov im Laufe des späten 19. und frühen 20. Jahrhunderts verschenkte. So erzählt ein Reisender der viktorianischen Zeit voller Verblüffung: »Es fällt einem kaum ein Material ein, aus dem keine Ostereier gemacht werden. In der zaristischen Glasmanufaktur sahen wir zwei Hallen voller Arbeiter, die nichts anderes taten, als Blumen und Figuren in Kristalleier zu schneiden. Ein Teil davon war für den Zaren und die Zarin zum Verschenken an Höflinge bestimmt.«[16]

Am berühmtesten sind die vom Hofjuwelier Peter Carl Fabergé entworfenen Eier, mit denen Mitglieder der Zarenfamilie sich gegenseitig beschenkten. Seine kostbaren Kreationen verwandelten den bescheidenen Volksbrauch in eine prunkvolle Kunstform. Das erste Fabergé-Ei war das »Hennen-Ei«. Zar Alexander III. überreichte es 1885 seiner Frau, um sie von dem politischen Aufruhr abzulenken, der außerhalb der Palastmauern herrschte. Das weiß emaillierte goldene Ei enthielt ein goldenes Eigelb, in dem wiederum eine kleine goldene Henne mit Augen aus Rubinen steckte. Auch die Henne ließ sich öffnen und barg zwei weitere Überraschungen: eine Miniaturkrone aus Gold und Diamanten sowie einen winzigen Rubinanhänger. Das Geschenk war ein großer Erfolg und der Beginn einer Serie von 50 Fabergé-Ostereiern, die zwischen 1885 und 1916 von der kaiserlichen Familie verschenkt wurden. Als zu Beginn des 20. Jahrhunderts Missernten und Hungersnöte das Zarenreich heimsuchten, wurden sie zum Sinnbild einer Herrscherelite, die sich ihrem Volk entfremdet hatte. Nach der bolschewistischen Revolution 1917 wurden einige der Eier konfisziert und verkauft, andere verschwanden. Von den 50 von Fabergé hergestellten Zareneiern befinden sich heute 43 in privaten Sammlungen oder Museen, von sieben* ist der Verbleib ungeklärt – die letzten noch

* Es galten acht Eier als verschollen, bevor ein amerikanischer Alteisenhändler auf einem Flohmarkt einen kitschigen Ziergegenstand aus Gold kaufte in der Hoffnung, er könne durch Einschmelzen auf die Schnelle an etwas Geld kommen. Eine kurze Internetrecherche wegen der Beschriftung ergab, dass es sich um das dritte kaiserliche Ei handelte, das 1887, also zwei Jahre nach dem Hennen-Ei, hergestellt worden war. Den Wert schätzte man auf über 20 Millionen Dollar, 2014 wurde es für eine unbekannte Summe verkauft.

unentdeckten Schätze der teuersten Eiersuche der Welt.

Dekorierte Eier als saisonale Geschenke kennt man auch in England seit dem Mittelalter. Erstmals erwähnt wurden Ostereier in der Hofbuchhaltung des Jahres 1209, als König Edward I. 450 gekochte, mit Blattgold belegte Eier als Gaben für den königlichen Haushalt bestellte.[17] Edward bezeichnete sie als *pace eggs*, ein Begriff, der in Teilen Nordenglands noch bis ins 20. Jahrhundert hinein gebräuchlich war. *Pace* ist die Deformation des lateinischen Worts *pascha*, das selbst wiederum auf das hebräische *pesah*, das Pessachfest, zurückzuführen ist. In Lancashire, Yorkshire und dem Süden des Lake District war das *Pace-Egging* üblich, bei dem die arme Dorfbevölkerung von Tür zu Tür zog und um Gaben für ein österliches Festmahl bat. Für diesen Brauch, der dem Süßigkeitensammeln an Halloween nicht unähnlich ist, verkleideten sich die Sammelnden oder malten sich die Gesichter schwarz an und rezitierten ein Gedicht, wofür sie ein Stück Speck oder Käse oder ein hart gekochtes Ei zu erhalten hofften:

We are two-three jolly boys, all of one mind,
We are come a-pace egging, and we hope you'll prove kind.
We hope you'll prove kind with your eggs and strong beer,
And we'll come no more a-pace-egging until another year.[18]

(Wir sind zwei, drei lustige Jungs und haben nur eines im Sinn:/ Wir kommen zum Eiersammeln und hoffen, dass Sie freundlich sind./ Wir hoffen auf Ihre Güte in Form von Eiern und Starkbier,/ dann sind wir gewiss erst nächstes Jahr wieder hier.)

Da das Betteln seit dem *Vagabonds Act* von 1531 in England verboten war, spielten die *Pace-Egger* ein wenig Theater als Gegenleistung für die Spenden, um das Gesetz zu umgehen.[19] Es handelte sich häufig um Nacherzählungen von mittelalterlichen Mysterienspielen oder Bibelepisoden mit netten Tänzen, Pseudokämpfen und derben Liedern rund um das Thema Tod und Auferstehung. Es gab komische Standardrollen wie den Arzt, den alten Bettler und den Trunkenbold mit dem fantasievollen Namen Old Tosspot.*

Trotz der jahrhundertealten Verbindung von Ostern und Hühnereiern gibt es eine Tradition, die jünger ist, als Sie vermuten würden. Ein weitverbreiteter Irrtum besteht nämlich darin zu glauben, der Osterhase rühre von der Feier der antiken heidnischen Göttin des Frühlings her, deren treuer Begleiter ein Hase war und die zusammen für Fruchtbarkeit und Erneuerung standen. Das ist jedoch überwiegend eine neuheidnische Vorstellung. Der gelehrte Mönch Bede notierte im 8. Jahrhundert, welche Namen die angelsächsischen Stämme vor der Christianisierung den Monaten gaben. Er behauptete, der April habe früher *Ēosturmōnaþ* oder Monat der *Ēostre* geheißen und sei

---

* *Tosspot* ist ein bildlicher mittelalterlicher Ausdruck für einen Trinker, der eifrig den Humpen (*pot*) schwenkt (*toss*).

die Zeit der Feiern zu Ehren dieser Göttin gewesen. Aus wissenschaftlicher Sicht mag seine Beschreibung der Gottheit durchaus zutreffen, doch erwähnte Bede weder Eier noch Hasen oder andere uns heute bekannte Osterbräuche.

Der erste belastbare Beleg für den Osterhasen stammt aus viel späterer Zeit. 1682 beschreibt der deutsche Arzt und Botaniker Georg Franck von Franckenau in seiner lateinischen Abhandlung *De ovis paschalibus* die Eiersuche als einen deutschen Volksbrauch. »[...] sie nennen diese Eier die Hasen-Eier wegen der Geschichte, die Kinder und Einfältige erzählen, dass ein Hase (der Oster-Hase) diese Eier gelegt hat, damit er sie heimlich im Gras und in den Büschen des Gartens ausbrüten kann, wo eifrige Kinder sie suchen gehen, zur Freude lächelnder Erwachsener.«[20] Den Brauch des Osterhasen und der gefärbten Eier nahmen Auswanderer aus Südwestdeutschland im 18. Jahrhundert mit nach Amerika, wo er sich bald etablierte. Einige Jahrzehnte später erreichte der Osterhase auch das britische Gebiet dank Königin Victorias Mutter, der in Deutschland geborenen Herzogin von Kent. 1833 beschrieb Victoria im Teenageralter eine Eiersuche im Kensington-Palast: »Mama versteckte ein paar hübsche bemalte und verzierte Eier, und wir suchten sie.«[21] Nachdem sie Albert kennengelernt und geheiratet hatte, hielt Queen Victoria zur Freude ihrer Kinder an dem Brauch fest: Sie versteckte Hühnereier in Mooskörbchen, die an Gründonnerstag gesucht wurden.[22]

Da Eier mit Schöpfung und Fruchtbarkeit assoziiert wurden, taugten sie auch für Liebeswahrsagerei und Zauberrituale, um Partnerinnen oder Partner zu gewinnen oder verliebt zu machen. In den Gewölben der British Library vergraben, findet sich eine Sammlung medizinischer und kabbalistischer Rezepturen aus dem 17. Jahrhundert, darunter auch ein köstlicher hebräischer Liebestrank und Eheretter: »Für Liebe zwischen Ehemann und Ehefrau oder auch wenn er unter einem Fluch [= Impotenz] leidet: Nimm Quellwasser, Wein und Myrrhe und Pfeffer und zwei Taubeneier und zwei Hühnereier und schlag sie auf und misch alles zusammen und gib es dem Mann und der Frau zu trinken, und so werden sie einander lieben.«[23]

In den Aufzeichnungen englischer Volksbräuche ist auch von *oomancy* die Rede, Liebesprophezeiungen mithilfe von Eiern. Eine bereits seit dem 17. Jahrhundert bekannte Methode bestand darin, dass junge Frauen und Männer Eiweiß ins Wasser gleiten ließen, um an dessen Form den Beruf oder Charakter der künftigen Partnerinnen und Partner abzulesen. Laut Edwin und Mona Radford, die Anfang des 20. Jahrhunderts europäische Bräuche sammelten, gab es vergleichbare Rituale im 19. Jahrhundert auch in Dänemark: »Dort nehmen die Mitglieder beiderlei Geschlechts am Silvesterabend ein frisch gelegtes Ei, bohren es am spitzeren Ende mit einer Nadel an und lassen drei Tropfen vom Eiweiß in ein Becken oder eine Schüssel mit Wasser gleiten. Die Tropfen formen im Wasser fantastische Gebilde, die wie Bäume aussehen. Daraus, so wird versichert, kann die Eiweiß tropfende Person ihr Schicksal, den Charakter der Ehefrau (oder des Ehemanns) und die Zahl der aus der Ehe hervorgehenden Kinder lesen.«[24]

Es spielte eine wichtige Rolle, an welchem Tag das Ritual durchgeführt wurde: an Neujahr, an Johannis oder noch häufiger am Agnestag*, dem 21. Januar. An diesem absolvierten unverheiratete Frauen weitere Rituale, wie zum Beispiel eine gesalzene Eierschale zu verzehren und rückwärts ins Bett zu gehen, wodurch sie von ihren zukünftigen Ehemännern träumen sollten. Diese Tradition thematisierte John Keats in seinem langen Gedicht *Sankt Agnes Abend*, in dem es heißt:

Sie sagten, daß den Jungfraun Agnes' Nacht
Entzückende Visionen oft bereite,
Daß in der honiglichen Mitternacht
Der Liebste huldigend ans Lager gleite [...][25]

Dass die Liebe mit den Hühnereiern in Zusammenhang gebracht wurde, mag auch mit den von der Jahreszeit abhängenden Legegewohnheiten zu tun haben. Heute legen kommerziell gehaltene Hennen das ganze

* Die heilige Agnes war eine jungfräuliche Märtyrerin und wird als Schutzheilige der Keuschheit und Jungfrauen verehrt. Der Legende zufolge war Agnes ein schönes Mädchen aus dem römischen Adel und hatte viele Verehrer. Einer von ihnen, der ob ihrer Zurückweisung beleidigt war, brachte sie als Christin vor Gericht. Sie wurde wegen ihres Glaubens zum Tod auf dem Scheiterhaufen verurteilt. An den Pfahl gebunden, wollte das Holz allerdings nicht brennen, sodass ein Soldat sie schließlich köpfte. Angeblich war sie erst zwölf oder 13 Jahre alt, als sie starb.

Jahr über Eier, doch früher machten sie eine lange Winterpause, bevor sie im Frühjahr wieder damit begannen. Der Valentinstag galt als *der* Tag, ab dem gute Hühner wieder legten; die langsameren, weniger produktiven folgten dann innerhalb der nächsten 14 Tage. Bis zum 1. März, dem Davidstag, oder dem 2. März, dem Chadstag, sollten aber alle wieder legen, hält ein Almanach des Brauchtums fest.[26]

Während die Eier weibliche Fruchtbarkeit symbolisierten, stand der Hahn im Alltagsleben des Mittelalters für die männliche Potenz. Ein derbes Lied von 1670, »The Young Gallants Tutor, Or, An Invitation to Mirth«, zählt eine Auswahl alkoholischer Getränke auf, die junge Männer in Stimmung bringen sollte: »With love and good liquor our hearts we do cheer, Canary and Claret, Cock Ale and March beer.« Bier, Rotwein (*claret*) und *Canary** kennt man noch, »Cock Ale« ist erfreulicherweise in Vergessenheit geraten. Eines der ältesten Rezepte dafür hat Sir Kenelm Digby niedergeschrieben. Er war ein bekannter englischer Höfling und Diplomat, verfasste aber auch ein hochinteressantes Kochbuch, *The Closet of the Eminently Learned Sir Kenelme Digbie Kt. Opened (*Das geöffnete Kabinett des überaus gelehrten Herrn Kenelm

* Canary oder Canary Sack ist ein heute nicht mehr produzierter starker Süßwein von den Kanarischen Inseln, der im 16. und 17. Jahrhundert extrem beliebt war. In Ben Jonsons Gedicht »Inviting a Friend to Supper« (1616) wird »a pure cup of rich Canary wine« erwähnt. Ein damit vergleichbarer heute noch erhältlicher Wein ist Malvasía Canari, der auf Lanzarote hergestellt wird.

Digby*)*, das 1669 posthum von seinem loyalen Diener veröffentlicht wurde. Seine Anweisung für das Gebräu lautet:

> *Wie man Hahn-Bier [Cock Ale] braut: Nimm acht Gallonen Bier, dann nimm einen März-Hahn und koch ihn gut durch. Und nimm vier Pfund entsteinte Rosinen, zwei bis drei Muskatnüsse, drei bis vier Muskatblüten und ein halbes Pfund Datteln. Zerstoße das alles in einem Mörser und füge zwei Viertel des besten Sherryweins hinzu. Gib all das ins Bier, zusammen mit dem Hahn, und lass es sechs bis sieben Tage verschlossen stehen; und danach füll es in Flaschen: und nach einem Monat kannst du es trinken.*

Diese süßlich-würzige alkoholische Hühnerbrühe klingt nicht so, als würde man sie gerne literweise herunterstürzen, doch englische Männer und Frauen schworen auf ihre Wirkung. In Nathan Baileys *Dictionarium Britannicum* von 1736 wird es als »angenehmes Getränk, das anregend wirken soll« beschrieben, während ein heiteres Werk über die Umgangssprache aus viktorianischer Zeit es als »häusliches Aphrodisiakum«[27] bezeichnet. Männer im späten 17. Jahrhundert hatten es besonders nötig. Die 1674 in London veröffentlichte »Women's Petition against Coffee« stellte die erschreckende, doch umstrittene Behauptung auf, Kaffee mache die Männer der Hauptstadt impotent. Die Kampfschrift war vermutlich ein als derbe Satire getarnter politischer Schachzug gegen Abweichler, die sich in Kaffeehäusern trafen. Sie forderte ein Verbot des Kaffeegenusses für Männer unter 60 und propagierte stattdessen Cock Ale zur Belebung der Schlafzimmeraktivitäten, damit die Männer nicht Gefahr liefen, »von Dildos gehörnt zu werden«.[28]

Die männliche Sexualität und die Symbolsprache des Hahns waren und sind eng miteinander verknüpft. Der im 18. Jahrhundert tätige Naturforscher Buffon, den ich bereits in Kapitel 1 vorgestellt habe, erzählte, dass man früher mit Hähnen, die bei gleichgeschlechtlichem Sex beobachtet wurden, kurzen Prozess machte. Er erwähnt in diesem Zusammenhang ein von Plutarch angeführtes Gesetz, »welches jeden Hahn, der dieser widernatürlichen Ausschweifung überführt wurde, zum Tode verdammte«.[29] Auch Hennen, die wie Hähne krähten, galten als Ärgernis und Sinnbild der Gefahr, die von Frauen ausging, die den Mund aufzumachen wagten: »Sollte Ihre Henne krähen«, riet der Kochbuchautor Gervase Markham aus dem 17. Jahrhundert, »was eine böse und unnatürliche Krankheit ist, sollten Sie ihr unverzüglich die Flügel ausreißen und ihr verbrannten Weizen vermischt mit Kalkpulver geben.«[30] Diese Einstellung hielt sich in volkstümlichen Sprüchen bis weit ins 20. Jahrhundert, in Großbritannien in der Formel »A whistling woman and a crowing hen are neither fit for God nor men«, im Deutschen noch drastischer: »Mädchen, die pfeifen, und Hennen, die krähen, soll man beizeiten die Hälse umdrehen.«

1474 stellte man in Basel einen Hahn »wegen des abscheulichen und unnatürlichen Verbrechens, ein Ei zu legen«, vor Gericht und verurteilte ihn zum Tod auf dem Scheiterhaufen. Dass ein männlicher Vogel ein Ei legte, erschien so pervers, dass das Urteil »so feierlich begrüßt wurde, als hätte man einen Häretiker den Flammen übergeben, und eine große Menge der Stadt- und Landbevölkerung wohnte der Vollstreckung bei«.[31] Die Baseler hielten ihre Sorgen für berechtigt, denn von Hähnen gelegte Eier mussten Hexenwerk sein, das fürchterlichen Zaubereien diente. Wenn man zuließ, dass das Wesen darin schlüpfte, dann kämen Basilisken heraus, erschreckende mythische Kreaturen mit dem Kopf eines Hahns und dem Körper einer Schlange, die jedes Lebewesen mit ihrem Blick oder Atemhauch töten könnten. Wer jedoch das Glück hatte, einen Basilisken zu fangen und zu töten, konnte aus dessen Asche Gold machen. Theophilus Presbyter, ein Benediktinermönch aus dem 12. Jahrhundert, beschrieb mit tiefer Überzeugung, wie arabische Alchemisten solche Wesen züchteten, indem sie zwei alte Hähne einfingen und überfütterten, bis diese sich paarten und Basiliskeneier legten.[32] Sein Goldrezept erforderte eine vollmundige Brühe aus einem pulverisierten Basilisken, menschlichem Blut, Kupfer und Essig.

Im Mittelalter musste ein Eier legender Hahn in der Tat sehr rätselhaft gewirkt haben, doch die moderne Wissenschaft hat gezeigt, dass Hennen durchaus hahnartige Eigenschaften entwickeln können. Bestimmte Krankheiten schädigen manchmal die Eierstöcke, weswegen Androgene gebildet werden, männliche Hormone, die für das entsprechende Verhalten und Aussehen verantwortlich sind. Der weibliche Vogel entwickelt dann ein männliches Federkleid, einen Kehllappen und kräht möglicherweise auch wie ein Hahn, ist aber immer noch imstande, Eier zu legen.

Die Geschlechtsausprägung bei Geflügel mag der Grund für den Baseler Hühnerprozess gewesen sein, doch der Aberglaube an die »Hahneneier« könnte auch auf die verbreitete Laune der Natur zurückzuführen sein, dotterlose Eier hervorzubringen. Junge Hennen beginnen mit etwa sechs Monaten ihre ersten Eier zu legen, und die sind auch mal recht klein und enthalten kein Eigelb. Da aus solchen sterilen Eiern kein Küken schlüpfen kann, ging man davon aus, sie müssten von Hähnen stammen. Noch in der heutigen Hühnerhaltung werden solche Eier umgangssprachlich als »Sparei« oder »Hexenei« bezeichnet (im Englischen auch als *fart egg*, Furzei). Der damit verbundene Aberglaube existiert nach wie vor in einigen Kulturen. Sozialanthropologinnen haben derartige Vorstellungen beim Volk der Mambila in Kamerun noch im späten 20. Jahrhundert angetroffen: »Ja, Hähne legen auch Eier, aber kleine«, erklärte ein Dorfbewohner. »Man kann sie essen, wenn man möchte, aber besser, man flicht ein kleines Körbchen, legt das Ei hinein und hängt das Körbchen an einer Kreuzung auf. Dann gedeihen die Hühner prächtig, werden fett, gehen nicht ein und legen viele Eier.«[33]

Wenn ein Hahn zur »falschen« Zeit oder unerwartet krähte, verhieß das nichts Gutes. In *Das Gastmahl des Trimalchio*, einer Episode des dem römischen Höfling Petron zugeschriebenen Romans *Satyrikon*, gerät die Hauptfigur bei einem Hahnenschrei in Panik:

Als er das sagte, krähte ein Gockelhahn los. Dieser Laut brachte Trimalchio aus der Fassung und er ließ Wein unter dem Tisch ausgießen und sogar eine Lampe mit unvermischtem Rebensaft besprengen. Sogar seinen Ring steckte er auf die rechte Hand um. »Nicht umsonst«, sagte er, »hat dieser Trompeter sein Signal gesetzt, denn entweder bricht ganz bestimmt ein Brand aus oder irgendeiner in der Nachbarschaft gibt den Geist auf. Bloß weit weg von uns!«[34]

300 Jahre später verzweifelte Johannes Chrysostomos, ein früher Kirchenvater und Erzbischof von Konstantinopel, fast daran, dass die Menschen immer noch an Omen der Natur glaubten: »Die Griechen sind immer Kinder [...] Eifrig ist ihr Streben nach Geld; aber sie glauben, ein einziger Hahn könne Alles zernichten«[35], echauffierte er sich Ende des 4. Jahrhunderts. Das ganze Mittelalter hindurch beschäftigte man sich intensiv mit dem Hahnenschrei, der zur falschen Zeit, insbesondere in der Nacht, einen frühen Tod verkünden konnte, ein Aberglaube, der noch im 19. Jahrhundert anzutreffen war. In Thomas Hardys 1891 veröffentlichtem Roman *Tess* wird der Tod der gleichnamigen Hauptfigur durch einen Hahnenschrei an ihrem Hochzeitstag prophezeit:

Der weiße Hahn mit dem rosigen Kamm war herbeigekommen und hatte sich auf dem Pfahlzaun vor dem Haus, wenige Yards von ihnen entfernt, niedergelassen, und seine Töne schrillten in ihren Ohren und verhallten gleich Echos in einem Felsental.

»Oh?«, sagte Mrs. Crick. »Krähen am Nachmittag!« Zwei Männer standen am Hoftor und hielten es auf. »Das ist schlecht«, sagte der eine leise zu dem anderen [...][36]

Zur Unzeit krähende Hähne mochten unseren Vorfahren Schauer des Entsetzens über den Rücken jagen, doch zur richtigen Zeit gilt dieser tierische Weckruf noch immer als Glück verheißend. Die älteste bis heute praktizierte monotheistische Religion ist der Zoroastrismus, der die Lehren des Judentums, des Christentums und des Islam beeinflusst haben soll. Seinen Anhängern war der Hahn heilig. Zentraler Bestandteil dieses Glaubens, der bis in die indoiranische Vorgeschichte zurückreicht, ist die Dualität, die Vorstellung, dass Gut und Böse im Universum und in der menschlichen Seele existieren und diese beiden entgegengesetzten Kräfte einen nie endenden Kampf ausfechten.

Im Avesta, dem wichtigsten religiösen Text des Zoroastrismus, verkörpert der Hahn die Tugenden der harten Arbeit und der Wachsamkeit und ist »Bote des Tagesanbruchs. Von allem Hausgeflügel wird der Hahn am meisten verehrt. Er ermahnt die Menschheit, ihre Faulheit abzustreifen, früh aufzustehen und ein arbeitsames Leben zu führen, er ist der Verbündete des niemals schlafenden Sraosha.«[37] Der Vogel hat auch für das Wohlergehen des Familienverbands entscheidende Bedeutung. Zoroastrisches Ideal war »ein Familienoberhaupt, das mit Ehefrau und Kindern in einem Haushalt lebte, in dem das Vieh gedieh, ein Feuer lodert, die Tugend sich mehrt, Wohlstand entspringt und der Hund es gut hat. Auch der Hahn mag den Besitztümern eines glücklichen Heims hinzugefügt werden, denn die Aufgabe dieses Haustiers ist es, die Mitglieder der Familie bei Tagesanbruch zu wecken.«[38]

In der chinesischen Mythologie verkörperte der Hahn ebenfalls edle Eigenschaften. Als »Vogel der fünf Tugenden« stand er für Weisheit, Wildheit, Mut, Menschlichkeit und Treue. Sein roter Kamm erinnert an die Kopfbedeckung eines Regierungsbeamten oder Gelehrten, daher die Assoziation mit Intelligenz. Seine Sporne verweisen auf Kriegskunst und Tapferkeit. Seine Bereitschaft, die Hennen zu schützen und Futter mit ihnen zu teilen, symbolisieren Anstand, während sein regelmäßiger Ruf im Morgengrauen zeigt, wie wichtig Verlässlichkeit ist. Da die chinesischen Schriftzeichen für »Hahn« (鸡 jī) ähnlich ausgesprochen werden wie das Wort für »glücklich« (吉 jí), halten viele den Vogel auch für ein Glückssymbol.

In der Bibel hat der Hahn verschiedene Bedeutungen. Im Neuen Testament prophezeit Jesus beim letzten Abendmahl mit seinen Jüngern, Petrus werde noch vor dem Hahnenschrei bestreiten, ihn zu kennen. Laut Matthäus widerspricht Petrus: »Wenn sie auch alle Ärgernis nehmen, so will ich doch niemals Ärgernis nehmen an dir.« Jesus antwortet: »Wahrlich, ich sage dir: In dieser Nacht, ehe der Hahn kräht, wirst du mich dreimal verleugnen.« Doch Petrus insistiert: »Und wenn ich mit dir sterben müsste, will ich dich nicht verleugnen.« Schließlich verleugnet Petrus Jesus nach seiner Festnahme tatsächlich dreimal, doch als er beim dritten Mal den Hahn krähen hört, erinnert er sich an Jesu Worte und bricht in Tränen aus.

Nach Jesu Auferstehung, so die christliche Lehre, bekräftigte Petrus seine Jesusliebe, wirkte als einer der ersten Führer der neuen Religion, war erster Bischof von Rom und damit Vorläufer der Päpste und gilt als einer der wichtigsten Heiligen der katholischen Kirche. Der Hahn wurde zu seinem Symbol, er steht für die Macht Christi, Sünden zu vergeben und das Böse fernzuhalten, und für den Neuanfang. Nikolaus I., Papst von 858 bis 867, verfügte, dass sich an jeder Kirche die Figur eines Hahns befinden müsse, um an den Weg Petri zu erinnern. Viele Kirchtürme schmückt bis heute eine Wetterfahne mit Hahn.

Der älteste noch existierende Wetterhahn stammt von der Kirche der Heiligen Faustinus und Jovita im italienischen Brescia. Geschaffen im 9. Jahrhundert krönte er den Glockenturm etwa tausend Jahre lang, bis er aus Sicherheitsgründen im 19. Jahrhundert abgenommen wurde, um im Stadtmuseum präsentiert zu werden. Besonders berühmt ist die Wetterfahne auf der Turmspitze von Notre-Dame in Paris. Der hohle Kupferhahn birgt drei Reliquien: einen Splitter der Dornenkrone sowie Überreste der Schutzheiligen von Paris, Denis und Genoveva. Wunderbarerweise überstand der Metallvogel auch den katastrophalen Brand von 2019, bei dem der über 90 Meter hohe hölzerne Turm einstürzte. Der Hahn landete, nur leicht ramponiert, auf dem Bürgersteig – bestimmt ein eindrucksvolles Zeichen für die Gläubigen.

Dass der Hahnenschrei mit dem Anbruch eines neuen Tages einhergeht, führte in der Religion unweigerlich zu einer Verbindung des Tiers mit Licht und spiritueller Erweckung. Der Theologe Hugo von St. Viktor erklärt im 12. Jahrhundert: »Die Schläfer sind die Kinder dieser Welt, sie liegen in Sünde. Der Hahn ist der Gefährte der Prediger, die streng predigen, die Schläfer wecken, um das Werk der Dunkelheit zu vertreiben, und sie prophezeien auch die Ankunft des Lichts [...].«[39] Die Vorstellung von der Macht des Hahns, das Böse zu besiegen, ist auch im Volksglauben tief verwurzelt. Regionale englische Legenden erzählen von der Frühzeit des Christentums, als in Sussex überall Kirchen gegründet wurden. Der Teufel beschloss deshalb, einen tiefen Graben auszuheben, der sich mit Meerwasser füllen und die Bewohner hinwegspülen sollte. Aus der abgestochenen Erde, die er dabei hinter sich warf, entstanden einige der landschaftlichen Wahrzeichen der Gegend wie der Rackham Hill und der Chanctonbury Ring. Einer alten Frau gelang es, den Teufel zu verjagen, indem sie eine Kerze anzündete und ihren Hahn zum Krähen brachte. Da der Teufel dachte, der Morgen graue bereits, floh er und ließ den Graben unvollendet.[40]

Im späten 19. Jahrhundert beschäftigte sich der führende Keltenforscher Sir John Rhŷs mit Feen im traditionellen Volksglauben von Wales und der Isle of Man. Es handelt sich um bösartige, unberechenbare Geschöpfe aus dem Jenseits, deren nächtlichen Faxen der Hahnenschrei ein Ende machen konnte. »Schlag Mitternacht könne man sie in jeder Mulde, jedem Tal aus der Erde steigen sehen; dann fassten sie sich an den Händen, bildeten einen Kreis und fingen wild an zu singen und zu tanzen, bis der Hahn krähte, dann würden sie verschwinden.«[41]

Das Publikum der ersten Aufführungen von Shakespeares *Hamlet* verstand sicher, warum der Geist sich verdrückt, als der Hahn kräht. Dass dieser Vogel das Übernatürliche vertreiben kann, geht aus folgendem Dialog von Bernardo und Horatio hervor:

BERNARDO
Es war am Reden, als der Hahn just krähte.
HORATIO
Und da fuhrs auf gleich einem sündgen Wesen
Beim Aufruf zum Gericht. Ich hab gehört,
Der Hahn, der als Trompete dient dem Morgen,
Erweckt mit schmetternder und heller Kehle
Den Gott des Tages […][42]

Allerdings weckten nicht alle Eigenschaften des Hahns Bewunderung. Was für den einen Stolz ist, ist für den anderen schon Selbstgefälligkeit, und so gab auch das aufgeblasene Herumstolzieren des Hahns Anlass zu Allegorien. Eine der bekanntesten Erzählungen zu diesem Thema stammt ursprünglich aus dem im 12. Jahrhundert entstandenen *Roman de Renart* (»Fuchsroman«). In einer darin enthaltenen Fabel schleicht sich der Fuchs auf der Suche nach Nahrung in einen Hühnerstall. Die Hennen stieben davon, doch der Hahn, dessen Hang zur Prahlerei seine Intelligenz überwiegt, hält die Stellung. Der Fuchs beschließt, dem Hahn wegen seiner Stimme zu schmeicheln, um ihn zum Singen zu bringen. Als der Hahn die Augen schließt und den Hals zum Krähen reckt, springt der Fuchs auf ihn zu, verschlingt ihn bis zum Hals und versucht so, dem

Bauern zu entkommen. Der Hahn setzt nun dieselbe List ein wie der Fuchs und stachelt ihn an, seinen Verfolger zu verspotten. Der Fuchs kann der Gelegenheit, große Töne zu spucken, ebenfalls nicht widerstehen und öffnet sein Maul, worauf der Hahn entkommt.

Die Moral von der Geschicht' ist klar: Hüte dich vor Eitelkeit, denn Hochmut kommt vor dem Fall. Ein Motiv, das dem Lesepublikum in unterschiedlichen Varianten des *Roman de Renart* immer wieder begegnet, zum Beispiel in Chaucers »Der Nonnenpriester« aus den *Canterbury Tales* von Ende des 14. Jahrhunderts und in John Drydens Fabel »Der Hahn und der Fuchs«, die in seinem Todesjahr 1700 veröffentlicht wurde. Dryden, ein großartiger Satiriker und Spötter über höfische Ränkespiele, kam die Lektion des Hahns durchaus bekannt vor:

Die Lehre dieser Fabel ist recht schlicht:
Leichtfertigkeit oder Gutgläubigkeit schickt sich nicht.
Vor Schmeichlern sich zu hüten, kann die Geschicht' ein Liedchen singen,
denn die sind am gefährlichsten, wenn sie zu freundlich klingen.

Das *Cock-Throwing* oder *Cock-Shying* war in England ein sehr verbreiteter Spaß vor allem am Faschingsdienstag. Ein nicht namentlich bekannter Journalist beschrieb es 1737 in seinem Artikel *Enquiry into the Original Meaning of Cock-Throwing on Shrove-Tuesday* (Untersuchung der ursprünglichen Bedeutung des Hahnwerfens am Faschingsdienstag) so: »Einen an einen Pflock gebundenen Hahn mit Geschossen zu bewerfen ist ein jährlich wiederkehrendes Vergnügen, das seit Menschengedenken auf unserer Insel verbreitet und eine Eigenart unserer Nation ist.«[43] Das grausame Spiel hatte einfache Regeln: Der arme Hahn wurde mit einem Stück Seil an einen Pfahl gebunden, dann warf man reihum Steine oder mit Gewichten beschwerte Stöcke (*coksteles)* auf ihn. Die Teilnehmenden verwendeten für die ersten drei Würfe ein paar Münzen, die derjenige gewann, der dem Hahn später den tödlichen Schlag versetzte. Wem es gelang, den Hahn zu Fall zu bringen, durfte ihn sich schnappen, falls dieser sich nicht schnell wieder hochrappelte. Die Auswahl des Tieres ist interessant, könnte sie doch mit der jahrhundertealten Feindschaft zwischen England und Frankreich zu tun haben. König Edward III., der von 1327 bis 1377 regierte, hatte England in den Hundertjährigen Krieg geführt, der von den folgenden Monarchen fortgeführt wurde und in dem die beiden Länder unter anderem um die französische Thronfolge rangen. Der Hahn hatte das Pech, auf Lateinisch so zu heißen wie die Bevölkerung Galliens, nämlich *gallus*, »sodass die beiden einander so gut symbolisieren konnten wie nichts anderes. [...] Der Franzose wird in Form seines Namensvetters auf sinnige Weise zum Gespött und Prügelknaben. Das erklärt die grausame und barbarische Behandlung, die der arme Hahn unverdient erfährt.«[44]

Durchaus möglich, dass der Bezug des Hahns zu Frankreich Engländer dazu animierte, *coksteles* in die Hand zu nehmen, doch offenbar haben kollektive Feste, in denen Grausamkeit gegenüber Hähnen eine Rolle spielt, noch ältere Wurzeln. Die beiden Sportarten, die an Faschingsdienstag erlaubt waren –

Hähne quälen und Fußball spielen – hat schon William Fitzstephen († 1191) dokumentiert, seines Zeichens Kleriker und Verwaltungsbeamter. Die jahrhundertelangen Bemühungen, solch brutale Vergnügungen zu verbieten, zeigen, dass sie offenbar fester Bestandteil der Fastenzeit waren. Noch im frühen 17. Jahrhundert stellte Thomas Crosfield die Fortdauer der Bräuche fest. Hahnwerfen und Fußball gehörten für die Massen zu einem Tag der Ausschweifungen dazu.[45]

Selbst Jungenschulen machten bei den ungehörigen Unternehmungen mit. William Henderson, der Ende des 19. Jahrhunderts ein Buch über Volksbräuche in Nordengland verfasste, beschrieb das jährliche Ereignis folgendermaßen:

> *Fußball und Hahnenkämpfe waren die wichtigen Vergnügungen am Abend des Faschingsdienstag […] Mein Schwiegervater erzählte oft von den Hahnenkämpfen, die regelmäßig an jenem Tag an allen Schulen stattfanden. Der Lehrer besorgte die Hähne, aber die Jungen mussten sie bezahlen. Es gab dafür einen offiziellen Beitrag, den ›cock-penny‹. Die Lehrer machten dabei einen guten Schnitt, da sie auch ein Anrecht auf die entlaufenen Vögel hatten, die ›fugees‹ genannt wurden […] Von einem Pfarrer, der früher Lehrer an der Oberschule in Sedbergh, Yorkshire, war, erfahre ich, dass der Lehrer für den Kampfhahn am Faschingsdienstag 4 ½ Penny von jedem Jungen einsammeln durfte.*[46]

Hahnwerfen und Hahnenkämpfe waren offensichtlich nur zwei Beispiele aus einer langen Liste von Spielen auf Kosten von Hühnern. Das Hähne- oder Hennendreschen, auch »whip the cock« genannt, war ganz besonders beliebt. Im Kinderbuch *The Youth's Cornucopia* (Füllhorn der Jugend, 1832) wird es so geschildert: »Es war Brauch, eine arme Henne an den Rücken irgendeines Bauerntölpels zu binden und ihn mit kleinen Glöckchen zu behängen, und dann nahmen seine Gefährten Zweige und droschen mit verbundenen Augen auf ihn und die Henne ein, geleitet von den Glöckchen. Da sie sich so besser als bei Blinde Kuh vorstellen konnten, wo er stand, muss es ein recht munteres, lustiges Spiel gewesen sein, abgesehen davon, was der arme Vogel erleiden musste.« Nach diesem herrlichen Spaß wurde der »arme Vogel« offenbar mit Speck gekocht und mit Pfannkuchen und Schmalzgebäck serviert.[47]

Während man in England den französischen Hahn zum Vergnügen verspottete und quälte, entwickelte sich der *coq gaulois* in seinem eigenen Land zum Emblem des Nationalstolzes. Ludwig XIV. nutzte ihn als eines von wenigen Symbolen neben der *fleur-de-lis* (der heraldischen Lilie), der Krone und der strahlenden Sonne, die jeweils eine spezielle Bedeutung hatten. Der mächtige, zu Tagesanbruch krähende Hahn war eingängiges Sinnbild eines Mannes, der für das absolute Gesetz, militärische Verdienste und religiöse Pflichterfüllung stand. Ironischerweise kam das Bild des Hahns später auch in der Französischen Revolution zum Einsatz. Propagandaplakate und die Literatur des späten 18. Jahrhunderts kombinierten die Parole »Freiheit, Gleichheit, Brüderlichkeit« mit drei republikanischen Symbolen: der Trikolore, die bewusst im Gegensatz zu den aufwendigen königlichen Flaggen des *Ancien Régime* stand; der phrygischen Mütze, einer Kopfbedeckung, die einstmals die befreiten römischen Sklaven trugen; und dem Hahn, ein Vogel, der sowohl unablässige Wachsamkeit als auch das uralte ländliche Erbe des französischen Volkes symbolisierte.

Während des Ersten Weltkriegs verkörperte der gallische Hahn den französischen Widerstand und Mut im Angesicht der feindlichen Truppen, ein bäuerliches Tier, das stolz und tapfer gegen den preußischen Adler antrat. Postkarten, Rekrutierungsplakate und politische Karikaturen feierten seine Kampfeslust und Tatkraft, doch nichts macht seine Bedeutung augenfälliger als ein zutiefst patriotisches Lied von 1918: »Cocorico! Ou l'aigle et le coq« (Kikeriki oder: Der Adler und der Hahn). Jahrhundertelange Bildtraditionen flossen in das Jubellied über den französischen Triumph ein: die Brutalität des antiken Kampfhahns, der pflichtbewusste, wachsame Vogel der Religion, die Vorstellung des Neubeginns und der Freiheit und schließlich auch die Ungerührtheit des Siegers:

Kikeriki!
Der Hahn hat gesungen
unsere unsterbliche Marseillaise,
und als er mit den Flügeln schlug
in der Sonne der Freiheit,
verstand der Adler, dass ein einziges Wort,
durch unser Land gerufen,
genügt, damit ruhmvoll
aus jedem Soldaten ein Held wird.
Nur Mut, Männer!
Nur Mut, Männer!

4.
Metaphern

Hackordnung und ungelegte Eier

Das Polnische Haubenhuhn

Unsere Alltagssprache ist voller Metaphern rund ums Huhn. Von »Hackordnung« bis »Glucke« hat sich dieser Vogel mit seinem Verhalten als beinahe unerschöpfliche Inspirationsquelle erwiesen. Der angeblich so selbstbewusste und libidinöse Hahn wurde zum Synonym für den Macho, die Henne zum Symbol für unterschiedlichste Stereotype des Weiblichen. Hühner liefern Vergleiche für alles Mögliche, was wir sonst schwer in Worte fassen könnten: Man sieht aus wie ein gerupftes Huhn, geht wie auf Eiern oder bekommt seine Flügel gestutzt. Küken wollen manchmal klüger sein als die Henne, wir gackern über ungelegte Eier oder haben mit jemandem ein Hühnchen zu rupfen, und bald kräht kein Hahn mehr danach.

Viele Hühnermetaphern erscheinen auf den ersten Blick modern. Doch gräbt man ein wenig tiefer, finden sich Wörter und Sätze, die Hunderte, wenn nicht über tausend Jahre in Gebrauch sind. Nehmen wir beispielsweise das englische *chick*, das nicht nur Küken oder Jungvogel, sondern umgangssprachlich auch eine attraktive junge Frau bezeichnet und in Begriffen wie *Chick-Lit* auch im Deutschen präsent ist. Um die Bedeutungserweiterung nachzuvollziehen, muss man zeitlich sehr weit zurückgehen: Das Wort gab es schon zu angelsächsischer Zeit: Im Altenglischen, der ältesten Form der englischen Sprache, lautete es *ćīcen* (ausgesprochen wie »Tschieken«) und bezog sich auf die Jungen des Haushuhns. Im 14. Jahrhundert wurde *chiken* dann für Hühner jeden Alters verwendet, die verkürzte Form *chike* war die Bezeichnung für ein Küken oder junges Huhn, zugleich aber auch für ein Kind.

In den frühesten Beispielen wird es abwertend genutzt – *fendes chike* (Feindeskind) oder *deuels chyke* (Teufelskind) –, doch bereits zu Shakespeares Zeiten im frühen 17. Jahrhundert war es ein liebevoller Ausdruck für Jungen und Mädchen. In *Der Sturm* weist Prospero Ariel, einen in der Regel als männlich interpretierten Luftgeist, an: »My Ariel, chick,/ That is thy charge. Then to the elements/ Be free, and fare thou well!« (5. Akt, 1. Szene) Der deutsche Übersetzer Franz Dingelstedt gibt *chick* im 19. Jahrhundert mit »Liebling« wieder: »Ariel, mein Liebling,/ Dies ist dein Amt. Dann wie die Elemente/ Sei frei, und lebe wohl!« Frank Günther dagegen übersetzt im 20. Jahrhundert wörtlich: »Mein Ariel,/ Hühnchen, noch dies. Dann sei den Elementen/ Ganz frei, und lebe wohl.«[1]

Schriftstellerinnen und Dichter liebten die Alliteration *chick* und *child*, die das Gleiche bedeuteten: »Hee hath nor child nor chick to care for« (Er ist kinderlos), schrieb 1610 Thomas Dekker, ein Dramatiker der Renaissance. Der britische Universalgelehrte William Morris benutzte 250 Jahre später in seinem epischen Gedicht *The Earthly Paradise (*Das irdische Paradies*)* die gleiche Analogie: »But had no chick nor child to bless his house«[2] (Sein Haus war nicht mit Kindern gesegnet). Tatsächlich hatte sich *neither chick nor child* zum Ausdruck für »kinderlos sein« verselbstständigt. In Bram Stokers Schauerroman *Dracula* setzt Mr. Hawkins Mina Harker als Erbin ein, was er mit den Worten begründet: »I have left to me neither chick nor child. All are gone, and in my will I have left you everything.« (Ich habe nicht Kind noch Kegel, alle sind dahin; und wenn ich einmal nicht mehr bin, so ist das, was ich besitze, euer Eigen.)[3]

Es heißt häufig, die sexualisierte Bedeutung habe das Wort erst Anfang des 20. Jahrhunderts bekommen. Als erste Belegstelle wird dann Sinclair Lewis' satirischer Roman *Elmer Gantry* angeführt, in dem es um die evangelikale Bewegung im Amerika der 1920er-Jahre geht. Darin wird eine junge Frau als »dieses hirnlose dumme kleine Huhn«[4] (»brainless little fluffy chick«) bezeichnet. Doch das Wort war vermutlich bereits zuvor Bestandteil der afroamerikanischen Umgangssprache und meinte, wie das vergleichbare *bantam,* eine sexuell attraktive junge Frau.[5] Das Wort *chick* verbreitete sich in der Jazzszene der 1940er-Jahre, aus der es die Populärkultur der 1950er- und 1960er-Jahre übernahm. »Cats were born to give chicks fever«, schmachtete Elvis, und Jack Kerouac schilderte in seinem Roman *On the Road* (Unterwegs) »a beautiful young black chick«.

Während viele *chick* als harmloses Kompliment betrachteten, empfanden immer mehr Frauen seit den 1970er-Jahren den infantilisierenden Beigeschmack des Worts als frauenfeindlich. Die heikle Vermischung von kindlicher Verwundbarkeit und sexuellen Reizen schien ihnen, vorsichtig ausgedrückt, problematisch. Dennoch erwies sich der Ausdruck als unerfreulich langlebig. Auch moderne Bezeichnungen wie *Chick-Flick* und *Chick-Lit* für Filme und Bücher mit dezidiert weiblicher Zielgruppe suggerieren, dass die kulturellen Interessen von Frauen geistlos und kindlich sind, so flauschig und harmlos wie Küken eben. Vor diesem Hintergrund ist positiv zu vermerken, dass die Bezeichnung »Huhn« in der deutschen Jugendliteratur eine frauenfreundliche Richtung genommen hat. Eine der erfolgreichsten Buchreihen der letzten Jahrzehnte stammt von Cornelia Funke und heißt *Die Wilden Hühner*. Darin gründen ein paar selbstbewusste Mädchen die gleichnamige Bande und machen damit der Jungenbande der Pygmäen Konkurrenz.

Bei gründlicherer Suche stellt sich heraus, dass der Ausdruck *chick* für eine begehrenswerte Frau sogar schon länger in Gebrauch sein könnte als seit Sinclairs Roman oder im afroamerikanischen Slang. Die Phrase *chick-a-biddy* war bereits im 18. Jahrhundert verbreitet, wie Francis Groses *Classical Dictionary of the Vulgar Tongue* belegt, ein 1875 erschienenes Wörterbuch der Umgangssprache. Der Autor sammelte die schillernden Ausdrücke, wie sie in der georgianischen Epoche in den schäbigeren Viertel gebraucht wurden, und entdeckte dabei eine ganze Reihe von Beschreibungen für »fesche junge Mädels«, neben *goer*, *article*, *whip slang*, *bitch booby*, *dimber* und *fubsey* auch *chick-a-biddy*, das eben nicht nur ein Huhn, sondern auch ein »junges Frauenzimmer« bezeichnete.[6]

Viele Wörter für weibliche Hühner sind mit einem Doppelsinn aufgeladen. In Schottland ist *hen* (Henne) ein von Zuneigung oder Vertrautheit geprägter Begriff für ein Mädchen oder eine Frau. In der alten schottischen Literatur werden Frauen häufig *bonnie hens* (»hübsche Hennen«), *thrifty hens* (»sparsame Hennen«) oder *wee hens* (»kleine Hennen«) genannt, doch ursprünglich bezeichnete das Wort im nördlichen

Europa überwiegend den Hahn. Die etymologische Forschung geht davon aus, dass sich in der Sprache, die vor etwa 6 000 bis 4 000 Jahren in Europa gesprochen wurde, aus dem Wort *kan* (»singen«, »ein Geräusch machen«) in einer Frühform des Germanischen das Wort *hano* entwickelte, das im Altenglischen zu *hana* (Hahn) wurde, der Vogel, der zu Sonnenaufgang singt. Im Gegensatz zum modernen Englisch, in dem die Substantive kein Genus haben, kannte das Altenglische Maskulinum und Femininum, die erst im 12. Jahrhundert verschwanden. Das Femininum zu *hana*, Hahn, war *henn.* Der maskuline Ursprung des Wortes »Henne« lässt sich noch im deutschen Wort »Hahn« (sowie im norwegischen *hane* und niederländischen *haan*) erkennen.

Während *hen* im Schottischen vor allem Zuneigung ausdrückt, transportiert es in den anderen Regionen der britischen Inseln vor allem sexistische Zuschreibungen, die sich im Lauf der Zeit entwickelt haben. Eine hinterhältige, aber eher stümperhafte Taktik wird seit Beginn des 17. Jahrhunderts durch das Wort *henwile* bezeichnet, eine *henwyfe* war eine Kupplerin oder Bordellbesitzerin, *hennie* ein verweichlichter Mann oder einer, der sich mit weiblich konnotierten Tätigkeiten abgab. *Hen-brained* bedeutete schusselig und *hen-house* war ein abwertender Begriff für einen Haushalt, in dem Frauen das Sagen hatten.

Im modernen Englisch ist vor allem noch der Begriff *hen-pecked* (von der Henne gepickt) verbreitet, mit dem ein Mann verächtlich gemacht wird, der sich angeblich seiner Frau gegenüber nicht durchsetzen kann (der deutsche »Pantoffelheld«). Der *hen-pecked man* war ein Typus der mittelalterlichen Komödie und findet sich querbeet von Geoffrey Chaucer bis John Lydgate, auch wenn der Ausdruck selbst von ihnen nicht genutzt wurde. Frauen, die die traditionelle eheliche Hierarchie durch Gewalt, List oder Gezeter auf den Kopf stellten, nannte man *shrews*, wie in Shakespeares *The Taming of the Shrew (Der Widerspenstigen Zähmung)*, doch die Rolle des unterjochten Ehemanns musste wohl noch ein Etikett verpasst bekommen. Erst im 17. Jahrhundert hatte dieses sich durchgesetzt und tritt vor allem in der satirischen Literatur, zum Beispiel bei Samuel Butler, auf. In der Mitte des 18. Jahrhundert war der *hen-pecked husband* dann eine so vertraute Erscheinung in der britischen Kunst und Literatur, dass er einen neuen Spitznamen bekam: *meacock* (= meek cock, kleinlauter Hahn), in der die Vorstellung vom unterdrückten Hahn und dem entmännlichten Mann zusammenflossen.

Während im Deutschen schüchterne und feige Menschen als Hasenherz bezeichnet werden, muss im Englischen mit *hen-hearted* ebenfalls das weibliche Huhn herhalten. Der Ausdruck ist zwar seit dem Mittelalter belegt, doch seine genaue Herkunft ist unsicher. Feigheit wird im Englischen häufig dem Geflügel zugeschrieben: zum Beispiel in *chicken-livered* und *chicken-hearted* (furchtsam), *to chicken out* (»den Schwanz einziehen«, »sich verdrücken«), *to play chicken* (»bei einer Mutprobe mitmachen«) oder recht vulgär *chicken-shit* (Angsthase) sowie vielen anderen heiteren Begriffen aus dem Hühnerstall.

In der Realität sind Hühner gar nicht so ängstlich – Hähne können regelrecht aggressiv sein, und jede Glucke verteidigt erbittert ihre Küken. (Deshalb wird das Wort Glucke im Deutschen abwertend für Helikoptermütter eingesetzt). Doch irgendwo unterwegs müssen sie sich den Ruf der Schwäche erworben haben. Dass in älteren Ausdrücken häufiger das weibliche *hen* als das geschlechtsneutrale *chicken* steckt, deutet darauf hin, dass es ursprünglich darum ging, die vermeintliche Schwäche und Zahmheit der Frau verächtlich zu machen, und nicht um eine reale Eigenschaft von Haushühnern.

Sehr häufig wird in der englischen Sprache bei geschlechtsspezifischen Bedeutungen mit zweierlei Maß gemessen. So war das Wort *bantam* für junge Frauen ausgesprochen anzüglich gemeint, während es im Zusammenhang mit Männern die Konnotation »mutig« erhielt und einen (kleinen) Draufgänger bezeichnet. Als die britische Armee im Vorfeld des Ersten Weltkriegs verzweifelt auf der Suche nach gesunden, kräftigen Rekruten war, betrug die Mindestgröße für Soldaten 1,60 Meter. Während viele Erwachsene in ärmeren Gegenden diese Körpergröße aufgrund von Mangelernährung nicht erreichten, galt eine kleinere Statur in einigen Industrie- und Bergbauregionen gar nicht als Zeichen von Schwäche, da dort viele Männer stämmig und zäh, aber eben klein waren. Als Alfred Bigland, Parlamentsabgeordneter für Birkenhead in Cheshire, erfuhr, dass eine Gruppe örtlicher Bergarbeiter von der Rekrutierungsbehörde abgewiesen worden war, reichte er beim Kriegsministerium eine Petition ein, die die Gründung einer Sondereinheit klein gewachsener Männer forderte. Man solle sie *Bantams* nennen, wie die Zwerghuhnrasse, deren Hähne häufig kräftiger waren, als ihre Größe vermuten ließ. Diese Bezeichnung hatte man seit den 1880er-Jahren bereits leichtgewichtigen Boxern verpasst. Die Nachricht über diesen kleinen, aber schlagkräftigen Verband verbreitete sich schnell, sodass sich bis 1914 etwa 3 000 bisher vom Kriegsdienst ausgeschlossene Männer einem der zwei Bataillone anschlossen.

Dialektwörter für Huhn verweisen auch darauf, wie sich bestimmte soziale Gruppen in Raum und Zeitverlauf veränderten, was an folgendem Beispiel deutlich wird.

Wie wurde aus *cock*, dem englischen Wort für Hahn, eine vulgäre Bezeichnung für Penis? *Cockerel** ist mit Sicherheit ein sehr altes Wort. Wie in Kapitel 1 erwähnt, hieß das heute in Pakistan liegende Mohenjo-Daro, eine über 4 500 Jahre alte Kultur, ursprünglich möglicherweise *Kukkut arma*, »Stadt der Hähne«. *Kukkut* könnte lautlich vom Schrei des Hahns inspiriert gewesen sein und verbreitete sich im Lauf der

---

* Eigentlich ist das englische Wort für Hahn *cock*. Als Bedeutung für *cockerel* geben einschlägige Wörterbücher (sowohl die einsprachigen als auch englisch-deutsche) »junger Hahn« an. Doch weil *cock* als Slangwort für Penis inzwischen so verbreitet ist, wird – offenbar aus Anstandsgründen – auch heute noch im Amerikanischen für Hahn gerne *rooster*, im Englischen *cockerel* verwendet. Vgl. z. B. https://daily.wordreference.com/2021/03/24/intermediate-word-of-the-day-cock/

Zeit weltweit: Es existiert im Sanskrit (*kukkuta*), im Altgriechischen (*kikkos*), im Slawischen (*kokot*), im Altnordischen (*kokkr*) und sogar im Altenglischen (*cocc*). Und im Deutschen existiert für den Hahnenschrei das lautmalerische Synonym »Kikeriki«. Wir wissen auch, dass die griechische und römische Kultur dem Hahn Aggression und Männlichkeit zuschrieb, was sich von den bei Soldaten beliebten Hahnenkämpfen bis zu Liebesgaben in vielfältiger Weise ausdrückte. Auch wenn in der Antike nicht unbedingt Wörter für »Hahn« Synonyme für den Penis waren, sind in jener Zeit künstlerische Darstellungen (unter anderem auf Keramiken) von als Hähnen verkleideten Männern mit Phallen oder eigentümliche Vogelhybriden mit riesigen menschlichen Penissen weitverbreitet.

Wir wissen wenig darüber, welche Symbolik die Angelsachsen nach dem Abzug der Römer dem Hahn zuschrieben, aber auffällig ist, dass Hähne in der christlichen Kunst der Zeit nur noch selten abgebildet wurden, ebenso wie andere traditionell mit Fruchtbarkeit in Verbindung gebrachte Tiere wie Eber oder Hirschbock.[7] Warum, ist schwer zu sagen, doch das offensichtliche Fehlen könnte darauf hindeuten, dass die christliche Kirche in der Frühphase ihre Abkehr von alten Glaubensvorstellungen und Praktiken, in denen der Hahn für sexuelle Potenz stand, unmissverständlich deutlich machen wollte.

In der Sprache des Mittelalters wurden männliche Hühner und das männliche Geschlechtsteil dann allerdings wieder äquivalent eingesetzt. In der Umgangssprache war *cock* für Penis mindestens seit dem 14. Jahrhundert präsent, allerdings in der Form *pilcock* oder *pillicock.** Die Wurzeln von *pilcock* sind nicht geklärt, möglicherweise handelt es sich um eine Verschmelzung der altenglischen Wörter *cocc* und *pil*, letzteres ein altes Wort für Rute oder Ball, je nach Ursprung. Bei den *Kildare Lyrics* handelt es sich um 16 Gedichte in einem irischen Dialekt des Mittelenglischen aus dem 14. Jahrhundert, zu denen auch »Elde«, eine satirische Darstellung der Nachteile des Alterns gehört. Der anonyme Autor klagt:

Y ne mai no more of loue done;
Mi pilkoc pisseþ on mi schone
(Ich kann nicht länger Liebe machen,
mein Schwanz pisst mir auf die Schuhe.)

Im frühen 15. Jahrhundert wurde das schlüpfrige Synonym mit durchschlagender Wirkung in einem anderen anonymen Gedicht mit dem Titel »I have a gentle cock« verwendet. Der Text erscheint an der Oberfläche wie die charmante Beschreibung des edlen Federviehs einer Dame, doch je länger man liest, desto weniger zweifelt man daran, was gar nicht so subtil angedeutet wird:

I have a gentle cock,
Croweth me day;
He doth me risen early
My matins for to say.

---

* *Pillock* ist im heutigen Englisch nach wie vor eine Beschimpfung (»Schwachkopf«), auch wenn die wenigsten wissen dürften, dass es einen Penis bezeichnet.

I have a gentle cock,
Comen he is of great;
His comb is of red coral,
His tail is of jet.

I have a gentle cock,
Comen he is of kind;
His comb is of red coral,
His tail is of inde.

His legges be of azure,
So gentle and so small;
His spurres are of silver white
Into the wortewale.

His eyen are of crystal,
Locked all in amber;
And every night he percheth him
In my lady's chamber.

Ich habe einen edlen Hahn,
der mir den Tagesanbruch verkündet.
Er weckt mich zeitig,
damit ich meine Morgenandacht halte.

Ich habe einen edlen Hahn,
der von großen Vorfahren abstammt.
Sein Kamm ist korallenrot,
sein Schwanz rabenschwarz.

Ich habe einen edlen Hahn,
er ist von wohlerzogener Natur.
Sein Kamm ist rot wie ein Eichhörnchen,
sein Schwanz indigoblau.

Seine Beine sind azurblau,
so vornehm und so schlank.
Seine Sporne von weißem Silber,
bis in die Wurzel hinein.

Seine Augen sind aus Kristall,
gefasst von Bernstein,
und jede Nacht lässt er sich nieder
im Gemach meiner Dame.

Für das mittelalterlichen Publikum muss die Doppeldeutigkeit des Hahns im Gemach der Dame sehr witzig gewesen sein, unterstrichen durch weitere anzügliche Anspielungen wie die Tatsache, dass das Tier seinen Herrn morgens aufweckt. Praktisch jedes genannte Körperteil des Hahns hat eine sexuelle Konnotation: Der Schwanz war ein anderes Wort für Penis, der Kamm die Eichel. Selbst die Sporne hielt man für ein sekundäres Geschlechtsorgan, deren Entfernung oder Kauterisation den Vogel unfruchtbar machen würde. Während der gesamten Tudorzeit waren anzügliche Sprache und auf der Hühnermetaphorik basierende sexuelle Wortspiele weitverbreitet. Shakespeares Stücke sind gespickt mit köstlich wüsten Hühnerbeschimpfungen und -witzen, so »Pillicock sat on Pillicock Hill« in *König Lear* (III 4), und »I must lose my maidenhead by cocklight« (»beim ersten Hahnenschrei ist es um meine Jungfernschaft geschehn!« in der Übersetzung von F. A. Gelbcke) in *Die beiden edlen Vettern* (IV, 1).[8] *Pillicock Hill* steht hier für die weiblichen Genitalien und *cocklight* nicht nur für die Morgendämmerung, sondern wiederum für den Penis. Damit in Zusammenhang steht auch eine weitere, verwandte Bedeutung von *cock*, nämlich selbstbewusste jugendliche Energie. Wie ein Autor des viktorianischen Zeitalters anmerkte, »implizierte *cock* Wagemut, insbesondere den Wagemut der lebenslustigen, prahlerischen Jugend«.[9] Und auch das deutsche Wort »kokett« kommt vom französischen *coquet* (»kleiner Hahn«). Das englische *coquettish*, das heute in der Bedeutung »auf falsche Weise verführerisch« nur noch auf Frauen bezogen wird, war ursprünglich auf beiderlei Geschlechter anwendbar. (Auch im Duden wird neben anderen Synonymen für »kokett« auch das männliche »geckenhaft« erwähnt.) *Coquet* (Maskulinum) oder *coquette* (Femininum) waren im 17. Jahrhundert sehr geläufig. Doch wie so oft wurde auch hier von Anfang an mit zweierlei Maß gemessen: Während ein *coquet* ein auf belustigende und einnehmende Weise verliebter Mann war, steckte in *coquette* die negative Konnotation von Geschwätzigkeit. Randle Cotgraves *Dictionarie of the French and English Tongues* von 1611 fasste die Bedeutungen folgendermaßen zusammen: »leeres oder anmaßendes Geschwätz, ein tratschendes oder übermütiges Luder, eine eitle oder tratschende Hausfrau, Tunichtgut, Schwatzbase«.[10]

Nach Gründung des Commonwealth of England (der von 1649 bis 1660 währenden englischen Republik) machte sich der leidenschaftliche Puritaner Oliver Cromwell daran, das moralische und spirituelle Wohl der Nation wiederherzustellen. Er schaffte nicht nur Weihnachten ab und verbot Theater, Sportwetten sowie Make-up für Frauen, sondern sagte auch dem Fluchen und der Gotteslästerung den Kampf an, selbst in seiner eigenen Armee, wo für jeden Fluch zwölf Pence Strafe anfielen. Während die meisten für ihre vulgären Sprüche mit einem Bußgeld oder einem kurzen Kerkeraufenthalt davonkamen, wurde in einem denkwürdigen Fall einem Quartiermeister namens Boutholmey wegen Fluchens die Zunge mit einem glühenden Eisen durchbohrt.[11]

In den Jahrzehnten vor dem Bürgerkrieg herrschten in England religiöse Spannungen, die es den nonkonformistischen Puritanern erschwerten, ihre Religion frei auszuüben. In den 1620er- und 1630er-Jahren hatten viele das Land verlassen und Kolonien an der amerikanischen Ostküste gegründet, in der Hoffnung, dort unbehelligt leben zu können. Während Cromwells Kampagne in den 1640er-Jahren waren etwa zehn Prozent der Siedler dieser Kolonien kurzfristig nach England zurückgekehrt, um den militärischen Kampf der sogenannten Parlamentarier zu unterstützen, doch die Mehrheit lebte in der neuen Heimat weiter ihren Glauben. Mit der Stuart-Restauration (der Wiederherstellung der Monarchie) 1660 war die puritanische Bewegung in England praktisch ausgelöscht, gedieh jedoch in Nordamerika, wo sie die Gesellschaft von allem zu reinigen trachtete, was sie als Sünde verstand, darunter Wetten, Trinken und Fluchen.

Das alte englische Wort *cock* war ganz offensichtlich zu viel für die amerikanisch-puritanische Empfindlichkeit und wurde innerhalb eines Jahrhunderts in der gehobenen Sprache durch das unverfängliche *rooster* ersetzt, gebildet nach dem Ort, an dem der Vogel zu ruhen pflegt: *To roost* kommt vom altenglischen *hrost*, dem hölzernen Dachstuhl. Erstmals tauchte das Wort in der Literatur 1772 auf – und zwar in dem aufschlussreichen Tagebuch der zwölfjährigen Anna Green Winslow, die von ihrer in Nova Scotia ansässigen Familie in das Hunderte Meilen entfernte Boston ins Internat geschickt worden war. In einem Brief nach Hause beschreibt sie ein Mahl mit ihrem Onkel und das aufgetischte Gericht: »a number of roast fowls—half a dozen, we suppose, & all roosters at this season no doubt« (eine Reihe gebratener Vögel, etwa ein Dutzend, vermuten wir, und zu dieser Jahreszeit zweifelsohne alles Hähne).

Wann genau das Wort *cock* für die geschliffene Konversation zu ungehobelt wurde, ist schwer zu sagen. Anne Bradstreet, eine der bekanntesten frühen Dichterinnen in den nordamerikanischen Kolonien und Tochter eines wohlhabenden englischen Puritaners, hatte keine Hemmungen, das Wort in ihrem Gedicht »The Four Ages of Man« (Die vier Lebensalter des Mannes) zu benutzen. Ganz und gar humorfrei schrieb sie 1650: »The early cock did summon but in vain,/My wakeful thought up to my painful gain.«[12] (Der frühe Hahn lenkte, doch vergeblich, meine schlaflosen Gedanken auf den schmerzvollen Ertrag.) Keine Bedenken hatte auch Richard Saunders, Verfasser von *Poor Richard, An Almanac For the Year of Christ* 1739, dessen jährliche Prophezeiungen die folgende düstere Aussicht beschrieben: »Whole Flocks, Herds and Droves of Sheep, Swine and Oxen, Cocks and Hens, Ducks and Drakes,

Geese and Ganders shall go to Pot«[13] (Ganze Schwärme, Herden und Scharen von Schafen, Schweinen und Ochsen, Hähnen und Hennen, Enten und Erpeln, Gänsen und Gantern werden im Topf landen).

Zu Beginn des 19. Jahrhunderts schien *cock* dann doch zu viel Stirnrunzeln hervorzurufen. Selbst der Vater der *Little Women*-Autorin Louisa May Alcott, der Pädagoge und Schriftsteller Amos Bronson, schien es für nötig zu halten, seinen Nachnamen von Alcox in Alcott zu verwandeln. Er wurde in eine arme bäuerliche Familie hineingeboren, war aber fest entschlossen, es im Leben zu etwas zu bringen. Groß gewachsen und charmant, war es ihm gelungen, sich mit einigen wohlhabenden Familien anzufreunden, die ihm Kunst, Architektur und das Leben der Oberschicht nahebrachten. Im Bestreben, ihren Lebensstil zu imitieren, legte er seinen ländlichen Akzent ab, gewöhnte sich »die Manieren eines bedeutenden Standesgenossen«[14] an und änderte seinen rustikalen Nachnamen. Im Lauf der Jahrzehnte hatte der Familienname bereits einige Veränderungen in der Schreibung durchgemacht, unter anderem Alcock, Alcocke und Alcox – doch ein Name, der zu Wortspielen einlud, passte so gar nicht zu Amos' Vorstellungen von einem vornehmen Gentleman. Von 1815 an unterschrieb er den einen oder anderen Brief mit »A. B. Alcott«, und bis 1821 war der zum Kichern animierende Nachname dann ganz verschwunden.[15]

In Großbritannien wurde das Wort *cock* trotz seiner Konnotation nie aufgegeben und auch der Ersatz *rooster* nicht übernommen. 1822 musste es James Flint, Verfasser der *Letters from America*, seinem englischen Publikum noch erklären. Auf seinen Reisen hatte er eine ganze Reihe von Begriffen aufgeschnappt, die ihm bis dahin unbekannt gewesen waren. »Ich muss sie als Amerikanismen bezeichnen«, schlussfolgerte er. Zu diesen Neuschöpfungen zählte er auch »rooster or he-bird«, die er als »Hahn, das männliche Huhn« definierte.[16] Die Kampagne zur Tilgung des Worts erreichte gegen Mitte des Jahrhunderts einen neuen Höhepunkt. *Cock* aus der Sprache zu verbannen war offenbar nicht genug, und so ersetzten kultivierte Amerikanerinnen und Amerikaner *haycock* (Heuschober) durch *haystack, weathercock* (Wetterhahn) durch *weathervane* (Wetterfahne) und *cock-horse* (Schaukelpferd) durch *hobbyhorse.*

Da Sprache sich ständig wandelt, sind manche von Huhn oder Hahn inspirierten Wörter natürlich längst untergegangen. So zum Beispiel der *Hennin,* im Spätmittelalter eine Haube für Frauen höherer Stände. Die Bezeichnung für diesen kegelförmigen »Prinzessinnenhut« mit wallendem Schleier wird etymologisch auf das niederländische *henninck* (Hahn) zurückgeführt, da er dem Kamm eines Hahns ähneln soll.

Das Wort »Streithahn« (ursprünglich ein für Hahnenkämpfe gehaltener Hahn) hingegen wird auch heute noch scherzhaft für einen streitlustigen Menschen verwendet.

Einige bekannte Redewendungen mit Hühnerbezug sind dagegen erstaunlich modern. Ein Beispiel ist die Beschreibung eines aufgeregten, planlos agierenden Menschen, der im Deutschen »herumrennt wie ein aufgescheuchtes Huhn«. Im Englischen lautet die Redewendung noch viel plakativer *to run around like a headless chicken.* Trotz ihrer Bildhaftigkeit findet sie überraschenderweise in der anschaulichen Sprache des Mittelalters oder in Shakespeares Scherzen keine Verwendung. In der Tat war sie vor dem 19. Jahrhundert unbekannt. Eine der frühesten Erwähnungen des eigenartigen Phänomens enthaupteter Hühner und ihrer reflexartigen Bewegungen stammt aus einer englischen Zeitung des Jahres 1851. »Kopflose Hühner schlagen noch mit den Flügeln und laufen ein wenig herum«, schrieb der Journalist und verglich den Todeskampf eines Huhns mit einem durch die Einmischung der Parlamentarier im Unterhaus »verstümmelten und zerstückelten Gesetz«.[17] Zwei Jahre später wurde der Ausdruck in einem amerikanischen Artikel im *Plain Dealer* aus Cleveland auf eine Weise verwendet, die dem modernen Sprachgebrauch vertrauter ist: »Die Free Soil Party [...] ist gespalten und verstört wie ein kopfloses Huhn und ist dabei ganz allein selbst schuld.«[18]

Die Formulierung war offenbar anfangs in Amerika beliebter als in Großbritannien, wohl weil zu dieser Zeit bei Veranstaltungen gruselige Vorprogramme mit kopflosen Hühnern sehr beliebt waren. Das Land war extrem fasziniert von mehreren Fällen, in denen Farmhühner das Köpfen überlebt hatten. Es kommt nicht gerade häufig vor, ist aber möglich, die obere Hälfte eines Hühnerkopfs so abzutrennen, dass dabei genug vom Hirnstamm übrig bleibt und das Tier einige Wochen überlebt. (Das Hirn eines Huhns sitzt hinter den Augen, nicht oben auf dem Kopf).

Um einen Vogel in diesem Zustand am Leben zu erhalten, musste er sozusagen künstlich ernährt werden, gewöhnlich durch den übrig gebliebenen Teil des Halses. Die eigenartigen Wesen waren Gesprächsstoff und lokale Berühmtheiten, die Leute standen Schlange und bezahlten nicht wenig Eintritt, um sie zu sehen. Skrupellose Geschäftsleute versuchten in der Hoffnung auf schnelles Geld daraufhin selbst, solch kopflose Hühner zu produzieren. In der in Virginia ansässigen *Alexandria Gazette* wird 1868 ein solcher Frevel geschildert:

> *KOPFLOSES HUHN – Ein unmenschliches Wesen – ein Italiener – hat in der ganzen Stadt Plakate zur Ausstellung eines lebenden »kopflosen Hahns« aufgehängt. Der Eintritt betrug 15 Cents. Eine nicht wenig grausame Person hatte einem lebenden Vogel bis auf das Hirn den ganzen Kopf abgeschnitten, die Wunden mit Pflastern verbunden und den Körper des verstümmelten Vogels am Leben erhalten, indem er auf künstliche Weise Maismehl in seinen Kropf stopfte. Der gefolterte Vogel lebte und muss sich für die verdorbene Person, die ihn ausstellte, als beträchtliche Einkommensquelle erwiesen haben.*[19]

Bekannte Vertreter kopfloser Hühner waren das »Martinez-Huhn von San Jose«, das drei Monate überlebte, und das »kopflose Huhn von San Francisco«, das so berühmt war, dass es sogar in New Jersey, über

4000 Kilometer von seiner Heimat entfernt, auf Tournee ging. Doch keines bekam von der Presse so viel Aufmerksamkeit wie Mike, ein Wyandotte-Hahn, der nach seiner Enthauptung im Jahr 1945 noch eineinhalb Jahre weiterlebte. Der Farmer Lloyd Olsen aus Colorado hatte bei dem ungeschickten Versuch, Mike mit einer Axt den Garaus zu machen, zwar einen großen Teil des Kopfs erwischt, aber die Drosselvene verfehlt, wodurch der Hirnstamm überwiegend intakt blieb. Aufgrund Olsens Unfähigkeit konnte Mike noch sitzen und gehen, ja, er versuchte sogar zu krähen, auch wenn dabei nicht mehr rauskam als ein leises, raues Krächzen. Also beschloss Olsen, ihn durch Füttern über den Hals mithilfe einer Pipette am Leben zu erhalten. US-weit tingelte der bekannte Wunderhahn durch Shows und war Gegenstand von Zeitungsberichten und Fotoreportagen. Auf dem Höhepunkt seines Ruhms soll Mike seinem Besitzer über 4000 Dollar monatlich eingebracht haben – nicht schlecht für jemanden, der keinen Kopf dafür hatte.

Eine andere erstaunlich moderne Metapher ist die »Hackordnung«, mit der wir Hierarchien in menschlichen Beziehungen oder Gruppen beschreiben. Hühner sind zwar Herdentiere, doch innerhalb einer Herde sind längst nicht alle gleich. Es gibt eine strenge Hierarchie oder eben Hackordnung, ein Begriff, den im frühen 20. Jahrhundert der Zoologe und vergleichende Psychologe Thorleif Schjelderup-Ebbe prägte. Der Norweger war seit seiner Kindheit geradezu besessen von Hühnern und führte seit seinem zehnten Lebensjahr detailliert Buch über das Verhalten seiner eigenen Hühnerschar. Ganz besonders interessierte er sich für die Beziehungen zwischen den einzelnen Tieren und wie Hühner lernen, »wo ihr Platz ist«. Er beobachtete, dass der Rang eines Vogels innerhalb der Gruppe sich aus dem Kampf ums Futter ergab und jedes Individuum wusste, auf welcher Rangstufe es sich befand. Die Dominanz wurde durch heftiges Hacken – häufig nach dem Kopf anderer Tiere – untermauert, daher der Begriff »Hackordnung«. Hähne und Hennen hatten ihre jeweils eigene Hierarchie.

In jüngerer Zeit haben Forschende herausgefunden, welche Hühner mit größerer Wahrscheinlichkeit in der Hackordnung aufsteigen. Faktoren wie Alter, Körpergröße und -form, gesundheitliche Gesamtverfassung und Sozialerfahrung scheinen für den Status des einzelnen Tiers wichtig[20], doch auch die Abstammung spielt eine Rolle. In bereits jahrelang bestehenden Herden wird der Platz in der Hackordnung über Generationen weitergegeben, sodass die erste Tochter einer dominanten Henne ihn »erbt«, ebenso wie die Tochter von Henne Nummer zwei und so weiter. Wenn von der dominanten Henne mehr als eine Tochter überlebt, zieht ihr Nachwuchs im Rang an Nummer zwei vorbei.

Die Hackordnung dient dazu, den Gruppenzusammenhalt aufrechtzuerhalten und den Zugang zu Ressourcen zu regeln. Sie berührt viele verschiedene Aspekte des Vogellebens, nicht nur, in welcher Reihenfolge die Tiere essen und trinken, sondern auch die Schlafplatz- und Partnerwahl. Die stärkeren, dominanten Hühner haben zwar Vorrang bei besonderen Leckerbissen, beim Wasser, den Staubbädern und attraktiven Partnern, aber daraus erwächst ihnen auch Verantwortung. Der »Oberhahn« muss die Herde beschützen, indem er nach Fressfeinden Ausschau hält und bei drohender Gefahr Warnrufe ausstößt. Zanken Hühner seiner Herde, versucht er zu schlichten. Wenn kein Hahn vorhanden ist, übernimmt eine Alphahenne seine Rolle. Wie an einem mittelalterlichen Hof umgibt der führende Hahn sich mit den dominanteren Hennen, während sich die Hähne und Hennen von niedrigerem Rang mit einem Leben an der Peripherie abfinden müssen. Wie in allen Dynastien kann ein Individuum, das in der Hackordnung weit oben steht, von einem Emporkömmling verdrängt werden oder aufgrund von Alter oder Krankheit dazu gezwungen sein, seine Position aufzugeben.

In einer Herde mit etablierter Hackordnung findet eine erstaunlich differenzierte Kommunikation statt. Zwar sind Hühner schon immer richtige Plaudertaschen, aber ihre Sprache beginnen wir gerade erst zu verstehen. Von den 1950er- bis zu den 1980er-Jahren identifizierten Nicholas und Elsie Collias an der University of California über 20 unterschiedliche Vokalisationen und ihre vermutlichen Bedeutungen. Hühner geben je nach Situation ganz unterschiedliche Töne von sich, von einem leisen, aber hohen »Iii«, wenn Gefahr aus der Luft zum Beispiel in Gestalt eines Raubvogels droht, bis zum lockenden »Doockdoock« eines Hahns, der eine Henne auf einen Leckerbissen aufmerksam macht.

Doch erst durch die Entwicklung ausgefeilter digitaler Aufnahmetechniken in den 1990er-Jahren war die Wissenschaft schließlich in der Lage, einen genaueren Zusammenhang zwischen bestimmten Vorgängen und der »Hühnersprache« herzustellen. Forschende an der

Macquarie University im australischen Sydney schufen mithilfe von Fernsehbildschirmen virtuelle Umgebungen für Hühner. So wurden ihnen unterschiedliche Szenarios vorgespielt, um ihre Reaktionen auf den Anblick von Räubern wie Greifvogel oder Waschbär zu testen, aber auch auf »Freunde« oder Konkurrentinnen. Die aufgezeichneten Laute sorgten für eine handfeste Überraschung. Die Hühner transportieren damit nicht nur sehr präzise Informationen, sie wurden von den anderen Tieren der Herde auch verstanden, ohne den jeweiligen Stimulus selbst gesehen zu haben. Das heißt, das Gehirn eines Huhns muss in der Lage sein, ein mentales Bild zu speichern und entsprechend zu reagieren – was bisherigen Annahmen, die Tiere könnten nur sehr einfache Inhalte wie Angst oder Aggression kommunizieren, widerspricht (mehr über die Intelligenz von Hühner im letzten Kapitel).

Besonders faszinierend ist die Erkenntnis, dass sich Hühner geradezu machiavellistisch verhalten können. In Studien täuschten Hähne Hinweise auf Futter vor, um Hennen anzulocken. Die wiederum begannen den Hahn irgendwann zu ignorieren, wenn er zu oft zu diesem Trick griff. Die Männchen gackern auch leiser, wenn bei ihrem Versuch, ein Weibchen anzulocken, ein Konkurrent in der Nähe ist, als wollte er dessen Aufmerksamkeit nicht auf die Henne lenken. Überraschenderweise passen Hähne ihre Warnrufe auch an die konkrete Situation an. Alarm zu schlagen, bringt sie nämlich in eine Zwickmühle: Einerseits erhöhen sie die Überlebenschancen ihrer Herde, andererseits machen sie auf sich aufmerksam und gefährden damit ihr eigenes Leben. Zur Lösung des Problems verfügen sie zumindest über zwei Taktiken: Entweder sie befinden sich im Moment des Warnrufs in der Nähe eines Schutzorts, oder – was hinterhältiger ist – sie stellen sicher, dass ein Konkurrent nicht fern ist, den es dann hoffentlich als ersten erwischt. In diesen beiden Fällen, so wurde nachgewiesen, ist die Wahrscheinlichkeit deutlich größer, dass der Hahn die anderen Tiere warnt.[21] Das Gerede vom dummen Huhn entbehrt also ganz offensichtlich jeder Grundlage.

5.
Haustiere

Das Hühnerfieber

Weißes Leghorn

Ende des 17. Jahrhunderts verfasste John Smith mit *England's Improvement Reviv'd* (Englands wiederbelebter Fortschritt) ein ehrgeiziges, an den niederen Adel gerichtetes Werk über Landwirtschaft und Gartenbau. Darin erklärt er, wie Landbesitzer ihren Grund und Boden umgestalten sollten, damit er »sowohl dem Genuss als auch dem Profit« diene. Er malt ein prachtvolles bukolisches Idyll, ein Anwesen »mit mehreren Obstplantagen und Gärten, in denen Früchte, Blumen und Kräuter für Küche und Arzneischrank wachsen, mit verschiedenem Geflügel, Bienen, Seidenraupen, Käfern, Rehen, Hasen und anderen Geschöpfen [...] außerdem Teiche und Wasserläufe mit vielen Arten von Fischen und Lockenten besetzt« und beschrieb »den Gebrauch und die Vorteile aller Pflanzen in diesem Lustgarten«.[1] Habe man dieses ländliche Arkadien erst einmal eingerichtet, könnten die Besitzer als Herrscher über alle Wesen durch dieses »Theater der Natur« wandeln. Alle Blumen, Bäume, Nutzpflanzen und Haustiere, die zu diesem irdischen Garten Eden gehörten, stünden ihnen zur freien Verfügung.

Die Mode dieser *ornamental farms* oder *fermes ornées* verbreitete sich im 18. und frühen 19. Jahrhundert sowohl in Großbritannien als auch in Frankreich. Es war das Zeitalter der Romantik, eine Epoche, in der die Schönheit der Natur, der Volksbräuche und des einfachen Landlebens gefeiert wurde. Die romantisierten Bauernhöfe mit ihren robusten Tieren und gesunden Bewohnern verkörperten Werte, die viele durch die Industrialisierung und Verwissenschaftlichung aller Lebensbereiche bedroht sahen. Marie-Antoinette schuf sich in den 1780er-Jahren ihren berühmten *Hameau de la Reine* (Weiler der Königin) im Park von Versailles, ein künstlich halb verfallenes Bauernhaus mit Mühle, Molkerei, Voliere und Scheune. Im *Hameau* gab es sogar einen Bauern namens Bussard, der mit großer Geduld die Tiere und Pflanzen der Königin versorgte, während sie mit Freundinnen und Freunden umherspazierte und den Anblick und die Geräuschkulisse dieses Pseudolandlebens genoss.

Auf keiner *ferme ornée* durfte der Hühnerstall fehlen. Und damit die Tiere in geräumigen Behausungen auch erstklassig untergebracht werden konnten, engagierte man die bedeutendsten Architekten der Zeit. Im Jahr 1794 schuf Sir John Soane nicht nur die prächtige Rotunde der Bank von England in London, er gestaltete auch einen Hühnerstall für Wimpole Hall in Cambridgeshire, Anwesen des Earls of Hardwicke. In der Miniaturfassade im klassischen Stil öffneten sich neun formvollendete Bogenöffnungen für die Nester. Als der 6. Duke of Bedford 1802 die Woburn Abbey erbte, beauftragte er den gefeierten Landschaftsarchitekten Humphry Repton mit der Gestaltung eines Stalls, der seine ständig wachsende Schar von »Tauben, Hühnern, und der Himmel weiß was alles für Vögel«[2] (wie ein deutscher Besucher es formulierte) beherbergen sollte.

Den großspurigsten Hühnerstall baute ohne Zweifel Lord Penrhyn in Winnington, Cheshire: Der 40 Meter breite Palast verfügte über Pavillons an beiden

Enden. Doch kaum einer war so exzentrisch wie die Hühnerpyramide des George Durant II. Die Durants aus Tong, Shropshire, verkörperten die hemmungslose Verschwendungssucht und den Müßiggang des spätgeorgianischen Adels. Nach der skandalträchtigen Affäre mit der Frau eines ranghohen Politikers war George Durant 1762 als Zahlmeister der Armee auf einer Expedition in Havanna unterwegs, wo er mit Sklaverei und Plünderungen genug Vermögen anhäufte, um ein großes Anwesen zu kaufen und die Gebäude und Gärten im neuesten Stil gestalten zu lassen. Sein ebenso lüsterner und höchst merkwürdiger Sohn, George Durant II., trat sowohl charakterlich als auch praktisch in seines Vaters Fußstapfen und ließ zahlreiche bizarre Gebäude für die Tiere des Landguts errichten, darunter eine Burg für die Kühe, einen eleganten Schweinekoben sowie einen sechs Meter hohen pyramidenförmigen Hühnerstall.

Das gewaltige neoägyptische Vogelhaus bestand aus handgefertigten Ziegeln und Sandstein, die Eingänge für die Hühner hatten Diamantform. Um den Blödsinn auf die Spitze zu treiben, waren einige Ziegel mit seltsamen Mottos für die Vögel versehen wie »Leben und leben lassen«, »Scharre, bevor du pickst« und, besonders kryptisch, »Belehre deine Oma« oder »Kannst du riechen«.[3] Durant trieb die Idee der *fermes ornées* noch einen Schritt weiter, indem er nicht nur seine Tiere, sondern auch die Beschäftigten als seine Objekte betrachtete. Er soll das sogenannte Herrenrecht ausgiebig in Anspruch genommen und 40 Nachkommen gezeugt haben, darunter 20 legitime. Angeblich zeugte er in jeder Kate seines Landguts ein Kind. Wie es sich für einen Mann geziemte, der praktisch alles in seinem Einflussbereich als Spielzeug und Eigentum betrachtete, gab er seinen illegitimen Kindern Namen, die eher zu Haustieren passen, wie »Napoleon Wedge«, »Columbine Cherrington« oder »Cinderella Greatback«.[4]

Auch Queen Victoria verfiel dem Charme von Hühnern als Haustiere. Zwei Tage vor Weihnachten 1843 druckte *The Illustrated London News* voller Begeisterung eine Sonderdoppelseite über das Geflügel der Queen. Es sollte »unseren Lesern ein heiteres jahreszeitliches Bild unserer anmutigen und Natur liebenden Königin und ihrer geflügelten Lieblinge im royalen Hühnerhof von Windsor« vermitteln.[5] Victorias Vorgänger König George III. hatte sich in dem großen Park im Osten von Windsor Castle einen Privatbauernhof errichten lassen, in dem auch Geflügel für den Fleisch- und Eierbedarf der Familie gehalten wurde. Kurz nach ihrer Thronbesteigung gab die Königin dann einen neuen großen Hühnerstall in Auftrag, entworfen und erbaut von den verlässlichen Hofarchitekten der Windsors, den Herren Bedborough und Jenner.

Das »semigotische Gebäude von schlichter und angemessener Schönheit« bestand aus einem zentralen Pavillon mit zwei Flügeln sowie Kammern zum Legen, Nisten und Ruhen. Keine Kosten wurden gescheut. »Die Kammern sind geräumig«, schwärmte *The Illustrated London News*, »luftig und gleichbleibend warm [...] die Nester ähneln weitmöglichst den dunklen Rückzugsorten im Gestrüpp des Urwalds, aus dem sie [die Tiere] stammen.« Vor allem waren derart luxuriös untergebrachte Vögel keine Mischlingshühner, wie man sie auf jedem Misthaufen antrifft, sondern »seltene und besondere« Exemplare. Die Queen war definitiv fasziniert von der ausgefallenen Hühnerschar, bei der sie ganze Stunden verbrachte, »um sich von den anstrengenden Regierungsgeschäften zu erholen«. Der Hühnerhof hatte nicht nur praktischen Wert, er war auch ein Ort, an dem die Königin »in den schlichten Tätigkeiten des Landlebens Trost fand« und »jene höhere Kraft schöpfte, die vorwiegend, wenn nicht gar ausschließlich, in der Natur zu Hause ist«.

Hühner als Haustiere zu halten war schon immer ein Vorrecht der Wohlhabenden. Landwirtschaftliche Nutztiere hatten üblicherweise die Kosten ihrer Haltung wieder hereinzuwirtschaften, von Viktorias Vögeln wurde dagegen kaum Leistung erwartet. Zu dem eigentümlichen Hühnerhaufen gehörten »mehrere Strupphühner, die sich durch ihr weißes, seidiges, haarartiges Gefieder und schwarze Haut auszeichnen«, Dutzende schwieriger javanischer Bantams, deren streitlustiger Hahn ständig die Eier seiner Hennen zertrümmerte und auffraß, sowie einige »interessante ›Kreuzungen‹ mit Raufußhühnern«. Man hatte damals hin und wieder beobachtet, dass sich Hühner und andere Wildvögel paarten, wenn sich ihre Wege in der Natur kreuzten, doch kam dabei selten fortpflanzungsfähiger Nachwuchs heraus. Die Wissenschaftler und Züchter des viktorianischen Zeitalters schienen aber höchst erpicht darauf gewesen zu sein herauszufinden, was aus solchen hybriden Partnerschaften werden kann. Sie kreuzten Haushühner mit sämtlichen nah verwandten Wildformen, die sie in die Finger bekamen.

Erfolgreich waren Kreuzungen aus Huhn und Fasan,

Huhn und Wachtel, Huhn und Raufußhuhn und erstaunlicherweise sogar aus Huhn und Pfau. In allen diesen Fällen verloren die daraus entstehenden Küken großteils die für Haushühner typische Zutraulichkeit. Besonders die Ergebnisse eines Züchters erregten auch Charles Darwins Interesse. In *Das Variieren der Tiere und Pflanzen im Zustande der Domestikation* schrieb er: »Mr. Hewitt, welcher in der Kreuzung zahmer Fasanen mit Hühnern fünf verschiedener Rassen grosse Erfahrung gehabt hat, führt als den Character aller eine ‚ausserordentliche Wildheit' an«.[6] Aus den meisten Kreuzungen resultierten nervöse, sterile Vögel, hin und wieder jedoch auch fruchtbare Nachkommen, insbesondere aus Kreuzungen zwischen Haus- und Kammhühnern. Und tatsächlich waren es viele dieser frühen Versuche, die Darwin später in seiner Theorie bestärkten, das Bankivahuhn sei maßgeblicher Vorfahre des heutigen Haushuhns, da nur diese Paarung verlässlich fruchtbare Küken hervorbrachte.

So ungewöhnlich Queen Victorias Huhn-Raufußhuhn-Kreuzung gewesen sein mag, die wahren Stars im Hühnerstall waren die neu erworbenen Cochin-Hühner, die so riesig waren und einen so aufrechten Wuchs hatten, dass die Presse sie als *ostrich-fowl* (Straußgeflügel) bezeichnete. Die Königin hatte sie 1842 von dem umstrittenen Seefahrer und Forscher Sir Edward Belcher* geschenkt bekommen, der sie von

* Belcher war eine äußerst fragwürdige Figur in der Royal Navy. Seine Laufbahn beendete er als Admiral, für seine Forschungen und seine mutigen Reisen wurde er hochgelobt, doch zugleich war er wohl ein Tyrann. Seine Mann-

einer sich über sechs Jahre hinziehenden Reise um die Welt zurück nach England gebracht hatte. Obwohl die Rasse ursprünglich als »Cochin-China«, dem kolonialen Namen für Vietnam, bezeichnet wurde, ist unklar, wo genau in Asien die Hühner an Bord kamen. Sie ähnelten den Malaien, einer in Nordindien, Indonesien und Malaysia weitverbreiteten großen, stämmigen Rasse, die vor allem wegen ihrer Kampflust und der beeindruckenden Statur gehalten wurde.

Queen Victoria war von ihren neuen Cochin-China so begeistert, dass sie befruchtete Eier an Königshäuser in ganz Europa verschickte und hoffte, sie so mit ihrer Geflügelleidenschaft anstecken zu können. Die ersten Zuchtversuche waren laut Berichten allerdings nicht sehr erfolgreich. Trotz des prachtvoll royalen Ambientes segnete der Cochin-China-Hahn der Königin bald das Zeitliche, und die Hennen legten nur eine Handvoll Eier. Also wurde der Hahn rasch durch einen Geschlechtsgenossen der Rasse Dorking ersetzt, das waren robuste, kräftige Tiere, die die Römer nach England gebracht haben sollten. Die Kreuzung zeichnete sich durch eine überzeugende Ähnlichkeit mit den Cochin-Chinas aus und verriet ihr Dorking-Erbe nur durch die typische zusätzliche Zehe.[7]

---

schaften beschwerten sich regelmäßig über die brutale Behandlung an Bord, und seine Frau reichte die Scheidung ein, nachdem er sie zweimal mit Syphilis angesteckt hatte.

Nur wenige Jahre nach der Ankunft von Queen Victorias Cochin-China-Hühnern ergatterte ein anderer Züchter, der Landwirt und Unternehmer Alfred Sturgeon, einige wenige extrem flauschige chinesische Hühner von einem Teeschiff im Londoner Hafen. In einem Brief beschrieb er später, wie sein staunender Gehilfe sie erstmals zu Gesicht bekam: »Ich bekam sie 1847 von einem Schiff in den West India Docks. Einer meiner damaligen Angestellten hatte an Bord zu tun, und weil ihn ihr Anblick so verblüffte, kaufte er sie auf eigene Verantwortung zu einem Preis, der mir, als ich ihn hörte, in höchstem Maß überzogen vorkam: sechs oder acht Schilling – pro Stück!« Diese Hühner sahen anders aus als die königlichen Cochins – ebenso groß, aber runder, weicher und flaumiger, mit wunderschön gefiederten Beinen – und wurden nach ihrer Herkunft gleich »Shanghai« genannt. Da sich dieser Name nicht durchsetzte, wurden sie später zur allgemeinen Verwirrung ebenfalls als Cochin bezeichnet, auch wenn sie mit den Exemplaren aus dem Hühnerstall der Königin wenig gemein hatten.

Sturgeon nahm die kleine Schar »Shanghai-Cochins« mit auf den Hof der Familie nach Essex, doch gleich nach ihrer Ankunft passierte ein Unglück. »Stellen Sie sich angesichts des hohen Preises mein Entsetzen vor«, schrieb er später, »als einer meiner jüngeren Brüder gleich nach ihrer Ankunft zwei der fünf Hühner schlachtete, sodass ein Hahn und zwei Küken übrig blieben. Es konnte mich auch nicht besänftigen, dass er mir seelenruhig erklärte, dass sie jung, fett und schwer gewesen seien und er noch nie so gute Tiere in die Finger bekommen habe.« Und das war nicht das letzte von Sturgeons Missgeschicken. Der Hahn starb bald darauf, und ein unglückseliger Zwischenfall, in den ungezogene Welpen und kleine Cochin-Küken verwickelt waren, zwang einen verzweifelten Sturgeon, sich auf die Suche nach neuen Vögeln zu machen.

Doch Alfred Sturgeon gab nicht auf, ebenso wenig wie eine Handvoll weiterer Züchter, darunter einer seiner Freunde. Mr. Punchard hatte Gefallen an der Rasse gefunden und kaufte Sturgeon einige Exemplare ab. Auch ein Mr. Moody aus Hampshire kaufte zwölf Hennen und zwei Hähne von einem anderen Schiff aus China. 1850 gab es genug neue Hühner, um die »Shanghai-Cochins« in der Bingley Hall in Birmingham zu präsentieren, einem spektakulären etwa 5 000 Quadratmeter großen Bau, der erst wenige Monate zuvor errichtet worden war. Bingley Hall war die erste speziell für Ausstellungen erbaute Halle des Landes, sozusagen eine Kathedrale für den viktorianischen Optimismus und preisgekrönte Tiere.

Laut dem etwas später verfassten *Wright's Book of Poultry* war dies der Zeitpunkt, zu dem Hühner in der öffentlichen Wahrnehmung von im Dreck scharrenden Hinterhofvögeln zu wertvollen Haustieren wurden. »Zuvor hielten außer Bauern nur wenige Menschen Hühner, und wenn, dann nur wertlose Mischlinge. Ein oder zwei Ausstellungen, die das öffentliche Interesse zu wecken versuchten, wurden mit freundlicher Missachtung gestraft. 1850 dann stellte man in Birmingham die Cochins aus, und plötzlich war alles anders. Jeder Besucher erzählte zu Hause von den neuen, prachtvollen Hühnern, die so groß wie Strauße waren, wie Löwen brüllten, sich aber sanft wie Lämmer verhielten;

die man überall halten konnte, selbst auf dem Dachboden, und die so zutraulich werden konnten wie zahme Katzen. Immer mehr Leute drängten herbei, um sie zu sehen, die Aufregung wuchs, und selbst die Straße vor dem Ausstellungsgebäude war völlig überlaufen.«[8]

Die Hühnermanie, auch Hühnerfieber genannt, suchte sowohl Britannien als auch Amerika heim – jedenfalls den Teil der Bevölkerung, der genug Geld hatte, um sich das Bedürfnis nach preisverdächtigem Geflügel zu erfüllen. Punchard verkaufte alle seine Cochin-Hühner in Birmingham zum exorbitanten Preis von fünf Pfund für drei Stück (das entsprach den Monatseinkünften eines guten Verkäufers oder Handwerkers). Sturgeon war noch gerissener: Er behielt seine Hühner trotz zahlreicher Kaufangebote ein weiteres Jahr und verkaufte dann 120 Exemplare in einer überhitzten Auktion für 609 Pfund, das Dreifache von Punchards Preis.[9]

Praktisch alles an den Cochins passte perfekt zum prestigesüchtigen Geist der viktorianischen Zeit. Hühner als Haustiere hatten nicht nur die Billigung Queen Victorias, diese spezielle Rasse war auch größer und glamouröser als ihre anfälligen Verwandten vom Bauernhof. Es war die Epoche des landwirtschaftlichen Fortschritts, in der sich adelige Grundbesitzer auf dem Lande unermüdlich mit der Tierzucht nach wissenschaftlichen Prinzipien beschäftigten, um für die wachsende Stadtbevölkerung mehr Fleisch, mehr Wolle, mehr Milch zu erzeugen. Wenn das bei größeren Nutztieren möglich war, warum nicht auch bei den unscheinbaren Hühnern? Könnten diese »Chinamonster«, so überlegte ein *Times*-Journalist 1853, der Schlüssel zur Verbesserung des wenig profitablen »aktuellen Zustands unseres Geflügelmarkts« sein?[10] »Wenn nicht reiche Amateure«, so heißt es in dem Artikel weiter, »ihr Geld verschwenderisch auf Rennbahnen investiert hätten, hätten wir nie so gute Pferde wie heute bekommen. Das Gleiche lässt sich vielleicht auch von Shorthorns und Southdowns sagen – von preisgekrönten Schafen und unbezahlbaren Schweinen.«

Das viktorianische England war darüber hinaus fasziniert von Exotika, »Trophäen« aus den Teilen der Welt, die es sich durch Handel und Kolonisierung nach und nach einverleibte. Asien mit seinen Bodenschätzen und Gewürzen, seiner Seide und anderen wertvollen Gütern war schon lange Gegenstand europäischer Politik und kommerzieller Interessen gewesen. 1599 war die britische Ostindien-Kompanie mit der Absicht gegründet worden, eigene Handelsverträge mit Asien abzuschließen, musste aber anfangs gegen die starke Konkurrenz der bereits etablierten portugiesischen und holländischen Akteure ankämpfen. Mitte des 19. Jahrhunderts hatte schließlich das Empire Queen Victorias die Nase vorn. Nachdem Frankreich 1815 am Ende der Napoleonischen Kriege kapituliert hatte, stand Großbritannien als der strahlende Sieger da. Da kein anderes europäisches Land ihm die Macht ernsthaft streitig machte, ging es daran, die Gebiete des Reichs mithilfe einer leistungsfähigen Marine auszuweiten. England kontrollierte bald die wichtigsten Seehandelsrouten, unter anderem nach China, Burma, Malaysia, Indien und zu anderen entlegenen Zielen. Wenige Reisesouvenirs waren so geschätzt und so leicht zu transportieren wie ein paar exotische Hühner, die sich ihren Unterhalt auf Reisen auch noch in Form von Eiern und Unterhaltung der Crew verdienten.

Manche Engländer waren so verrückt nach den neuen flauschigen Cochins, dass sie versuchten, sie direkt aus Shanghai zu besorgen, ohne zu wissen, was genau sie kaufen und wie sie die armen Vögel dann nach Hause holen sollten. Wie ein englischer Journalist in dieser Zeit nicht ohne Verwunderung schrieb, »haben viele wiederholt versucht, sich frische Importe aus China zu besorgen, manchmal sogar auf eigene Faust [...] Sie sind allerdings selbst im Fernen Osten schwer zu finden, und so werden Hunderte Hühner hergebracht, die wenig bis gar keine Ähnlichkeit mit der in England so bewunderten Art haben. In Shanghai die richtige Rasse aufzutreiben, ist aber nicht die einzige Schwierigkeit, der man begegnet [...] Die Widrigkeiten für das Geflügel, das monatelang übers Meer geschippert wird, in Ställe gesperrt, die immer wieder von Wellen überspült werden, sorgen dafür, dass pro Nacht ein halbes Dutzend von ihnen eingeht. Erst vor Kurzem näherte sich eine kleine, sorgfältig ausgewählte Schar sicher dem Kap, hatte also exzellente Chancen, gesund hier anzukommen, als es einem kleinen Tier an Bord gelang, auszubüxen und all den ,reizenden Cochin-Chinas' in nur einer Nacht den Garaus zu machen. Eine andere Charge verschwand auf rätselhafte Weise nur vierzehn Tage vor dem Ende ihrer langen Reise. Möglicherweise wurden sie für einen außergewöhnlich köstlichen Topf Suppe geopfert, jedenfalls ward nichts mehr von ihnen gehört. Und das sind nur einige der Gefahren, denen diese armen Emigranten auf ihrem Weg übers Meer ausgesetzt sind.«[11]

Punch, ein satirisches Wochenmagazin, hatte besonderen Spaß daran, die neue Edelhühnermanie auf die Schippe zu nehmen. Den Hype führte sie auf exaltierte privilegierte Ladys zurück, die ständig auf der Suche nach ausgefallenen Schmusetieren waren. Zahllose Glossen und Karikaturen machten sich lustig über die horrenden Preise, die für exotische Hühner gezahlt wurden, und über die absurde Idee, ein unscheinbares landwirtschaftliches Nutztier zu verhätscheln. Ein Cartoon zeigte eine wohlhabende Gattin, die ihre geliebten Cochins an Hundeleinen zu einem »Gesundheitsspaziergang« ausführt und ihrem leidgeprüften Ehemann zuruft: »Mein Lieber, es regnet gleich. Lauf, James, schnell, und hol einen Regenschirm und zwei Sonnenschirme. Nicht dass meine süßen Cochins, die Ärmsten, noch Rheumatismus kriegen!«[12] In einer anderen Ausgabe findet sich eine erfundene Anekdote über einen eingeschüchterten Ehemann: »Eine in Peckham Rise ansässige Dame hat ihren Ehemann mit dem hohen Preis für ihre China-Cochin-Hühner beinahe ruiniert. Auf den armen Kerl zeigt angeblich die ganze Nachbarschaft mit dem Finger und sagt, dem hätten die Cochin-China-Hühner das Brot weggefressen.«[13] Die Leserschaft lachte sich vermutlich tot über die albernen Spleens der High Society.

Die atemberaubenden Summen, die für Cochins gezahlt wurden, waren nicht unbemerkt geblieben, sie trieben auch die Preise für die wenigen anderen »reinrassigen« Hühner in die Höhe, die eingefleischte Geflügelfans bis dahin unter Ausschluss der Öffentlichkeit gehalten hatten. Ein amerikanischer Züchter erinnerte sich daran, dass auf der Geflügelausstellung in Birmingham 1852 »ein einziges sehr kleines Paar ›Seabright Bantams‹ mit feinem Federkleid für 125 Dollar verkauft wurde, ein schöner ›Cochin-China‹-Hahn und zwei Hennen für 75 Dollar und ein Paar ›White Dorking‹ für 40 Dollar. Ein englischer Züchter fuhr über hundert Meilen weit bis nach London, nur um sich ein Gelege Eier der Sorte Black Spanish zu besorgen, und zahlte einen Dollar pro Ei. Ein anderer Landwirt dort ließ sich die besten Cochin-China-Eier holen und zahlte zu der Zeit 1,50 Dollar für *jedes Einzelne*!«[14]

Statt Kämpfer oder Eiweißlieferanten waren Hühner nun plötzlich sorgsam gehütete Ziergegenstände. Viele Geflügelfans reagierten darauf mit der Züchtung oder Perfektionierung weiterer interessanter Hühner. Sich auf die Definition neuer Rassen zu einigen, war jedoch gar nicht so einfach. In den mindestens 4 000 Jahren, in denen sich Hühner von Südostasien aus über die ganze Welt verbreiteten, hatten sich zahllose Unterarten entwickelt: manche als Resultat ihrer Anpassung an neue Klimata oder Umgebungen, andere gezielt auf spezielle Verhaltensweisen oder äußerliche Kennzeichen hin gezüchtet. Viele waren zufällig in der Wildnis entstandene Kreuzungen und wiesen sehr unterschiedliche Eigenschaften auf.

Aus dem Körperbau des ursprünglichen Kammhuhns waren Hühner mit langen oder auch stämmigen Beinen hervorgegangen, solche mit krausen Federn oder kahlen Stellen, mit Hauben oder Kämmen in verschiedenster Form, seidigem Flaum oder harten Federn sowie mit langem buschigen Schwanz oder ganz ohne. Innerhalb der Rassen entstanden immer mehr Varietäten, deren Gefieder von tiefstem Schwarz über Gold, Rot und Grau bis hin zu Schneeweiß reichte, wahlweise gestreift, meliert, gefleckt oder gewellt. Auch bei der Größe war von riesig über durchschnittlich bis winzig alles zu haben. Die Züchter im 19. Jahrhundert hatten erkannt, dass sie durch gezielte Paarung bestimmte gewünschte Eigenschaften verstärken und ungewünschte ausschalten konnten, sie erschufen eine ganze Palette neuer Farben, schrumpften oder vergrößerten ihre Tiere, ja, veränderten sogar jahrtausendealte Wesenszüge von aggressiv zu fügsam.

Nachdem der Hahnenkampf in England 1849 verboten worden war, mussten sich auch die Züchter von Kampfhühnern ein neues Betätigungsfeld suchen, und so verschob sich der Wettbewerb von der staubigen Arena in die Ausstellungshallen. William Tegetmeier, der mit Darwin befreundete Geflügelexperte, würdigte Mitte des 19. Jahrhunderts die jahrhundertelangen Anstrengungen zur Perfektionierung von Kampfhuhnrassen: »Es besteht überhaupt kein Zweifel«, erklärte er feierlich, »dass die Überlegenheit des in England gezüchteten Kampfgeflügels ausschließlich auf die Hahnenkämpfe zurückzuführen ist, die sich bis zu den vor nicht allzu langer Zeit erlassenen Gesetzen in allen gesellschaftlichen Klassen großer Beliebtheit erfreuten [...] Diese Hähne haben sich als die stärksten, aktivsten und mutigsten erwiesen und ihre Gegner auf dem Kampfplatz niedergerungen [...] damit wurde letztendlich erreicht, dass englische Kampfhühner an

Eleganz ihrer Körperform unübertroffen sind und auf der ganzen Welt als die schönsten ihres Typs gelten.«[15]

Das Verbot des Hahnenkampfs versetzte Geflügelzüchter anfangs regelrecht in Panik. Sie fürchteten, die Vögel könnten verweichlichen, wenn man sie nicht hin und wieder der »Qualitätsprüfung« im Ring aussetzte. Ein Verfechter des Sports formulierte es so: »Würde man den Rennpferden nicht mehr erlauben zu rennen, wie sollten dann die Züchter irgendwelche mangelhaften Eigenschaften feststellen und ausmerzen? Die Kampfrassen beim Geflügel entsprechen den Arabern bei den Pferden, den hochgezüchteten Shorthorns bei den Rindern und den Greyhounds bei den Hunden.«[16] Mit der Aussicht konfrontiert, ihre aggressiven Tiere könnten aus der Form geraten, gründeten einige Züchter eine Vereinigung, um das hohe Niveau zu halten. Bei Geflügelausstellungen konnten die Teilnehmenden ihre preiswürdigen Tiere nun in Kategorien wie »vermutlich bester Kampfhahn« einreichen, für die eine eigenwillige Mischung aus Kriterien wie äußerliche Attraktivität und die Wahrscheinlichkeit des Siegs über einen theoretischen Gegner galt.[17]

Die Vielfalt und geografische Verteilung der Hühner war hochgradig verwirrend und somit eine große Herausforderung für alle, die eine taxonomische Ordnung anstrebten. Am Ende des 18. Jahrhunderts hatte der französische Naturforscher Buffon tapfer versucht, eine Liste der Varietäten zu erstellen, die er persönlich in Augenschein genommen hatte oder aus Berichten von Kollegen oder Fernreisenden kannte. Ziemlich schnell stellte sich heraus, dass jegliche sinnvolle Analyse von Typus und Herkunft praktisch unmöglich war. So gab es in sehr vielen Ländern sich ähnelnde Zwerghühner, die oft nicht größer als Tauben waren. Beispielsweise glich das »Kleine javanische Zwerghuhn« in vielen Aspekten dem »Englischen Zwerghahn«, dem »Französischen Zwerghuhn« und dem »Huhn von Pegu*«.[18]

Auch gelang es Buffon nicht herauszufinden, ob der »Hahn von Bantam«, ein kleines, aber temperamentvolles indonesisches Huhn mit gefiederten »Stiefeln«, eventuell verwandt war mit dem »Raufüßigen französischen Hahn« oder dem »Englischen Zwerghahn«. Die Bezeichnungen bestimmter Typen trugen insofern zur Verwirrung bei, als viele Züchtungen nach Städten oder Ländern benannt waren, die nichts mit ihrer tatsächlichen Herkunft zu tun hatten. Das nach der Stadt Hamburg benannte schlanke, aber produktive Legehuhn hat in Wahrheit eine recht unübersichtliche Geschichte und wurde auch von Holland, Belgien oder Russland als ihr Eigen beansprucht.[19] Darüber hinaus hatten Züchter in Yorkshire und Lancastershire bereits seit dem frühen 18. Jahrhundert eifrig »Hamburger« gezüchtet, sie aber als »Pheasants« oder »Mooneys« bezeichnet.

Dieser Wirrwarr hatte Geflügelhalter nie sonderlich gestört – jedenfalls nicht, bevor die Begeisterung für das Ausstellen und den Erwerb von Modegeflügel weiter um sich griff. Plötzlich war ein Konsens zwischen Züchtern und Preisrichtern, was eine spezielle Rasse ausmachte, unumgänglich, denn so ein Preis war nur dann etwas wert, wenn alle Wettbewerber sich auf Regeln einigen konnten. 1865 drückte Tegetmeier der Ge-

---

* Die Stadt Bago in Burma.

flügelwelt noch einmal seinen Stempel auf, indem er *The Standard of Excellence in Exhibition Poultry* (Der Exzellenzstandard für Ausstellungsgeflügel) veröffentlichte, ein knappes Handbuch der Rassen, auf die er und seine geschätzten Freunde sich hatten einigen können. Die neun Rassen durften nur eine begrenzte Zahl an Schattierungen aufweisen, die malerische Bezeichnungen wie »Leder«, »Zitrone« oder »Silber-Zimt« trugen.

Nicht nur für die Moderasse Cochin setzte Tegetmeier die Standards, sondern auch für Malaien, Game, Dorking, Hamburger, Spanier, Polnische und eine ganz neue, die Brahma. Trotz des Namens war die Rasse in den 1840er-Jahren in den USA vom erfahrenen Züchter George Burnham aus einem großen flauschigen Cochin und einem aus Bengalen importierten malaiischen Kampfhuhn entwickelt worden. Zuerst wurden sie wegen ihrer leicht silbrigen Färbung unter der Bezeichnung »Grey Shanghae« bekannt. Es war ein geschickter Schachzug, dass Burnham als Werbung neun seiner besten Exemplare an Queen Victoria sandte, um den königlichen Hühnerbestand aufzuwerten. Die Königin war von den gefiederten Geschenken begeistert und schickte Burnham zum Dank nicht nur warme Worte, sondern auch ein anmutiges Porträt von sich. Die Presse war außer sich vor Entzücken, lobte Burnham als den »erfolgreichsten Geflügelhalter Amerikas«, dessen »schöne Tiere ihn als Züchter auszeichnen« und sogar »für eine Queen taugen«.[20]

Umgehend wurde Burnham von Bestellungen überschwemmt, Sammler aus ganz Amerika, Kanada und England wollten unbedingt die außerordentlich großen Hühner mit dem feinen Gefieder ergattern. Der geschäftstüchtige Züchter verdoppelte seine Anstrengungen und konnte im Sommer 1853 schließlich 42 der geschätzten Brahmas nach England schicken, wofür er die schöne Summe von 870 Dollar bekam (was heute etwa 30 000 Dollar entsprechen würde). Drei der Exemplare waren dem Londoner Geflügelfan John Baily versprochen worden, der sie im Herbst des Jahres auf der Geflügelausstellung in Birmingham zeigte. Zu Bailys Überraschung und Entzücken konnte er sie dort umgehend für 250 Dollar pro Stück weiterverkaufen, eine Verzehnfachung seines Einkaufspreises in nur drei Monaten.[21] Bailys Erfolg rief schnell Nachahmer auf den Plan, die Modehühner und Eier kauften, um sie auf einem wachsenden Markt umgehend weiterzuveräußern.

Bis 1855 hatte Burnhams Brahma-Geschäft ihm 70 000 Dollar eingebracht, umgerechnet auf heutige Verhältnisse etwa 2,2 Millionen. Doch wie so viele andere Spekulationsblasen – die Tulpenmanie, die Südseeblase, das Eisenbahnfieber – platzte auch diese Blase nach einem Höhepunkt auf spektakuläre Weise und hinterließ Hunderte von finanziell ruinierten Investoren. Wie Burnham selbst einräumte: »Die Begeisterung des Adels erlahmte, und auch die Bevölkerung in England und den Vereinigten Staaten begann zu realisieren, dass an dem Rummel nichts dran war.« Die Modezüchtungen hatten den Markt überschwemmt, die Fans hatten irgendwann genug von den Neuheiten, und der Stern des *Shanghae-ism* begann zu sinken. »Niemals zuvor in der Geschichte der modernen ›Blasen‹«, so Burnham, »war eine Manie lächerlicher und grotesker, und keine forderte mehr Opfer als dieser unerklärliche Schwindel.«[22]

Manche Züchter oder Sammler gingen schlicht bankrott. Ein verzweifelter Spekulant schrieb an Burnham: »Ich habe hier dreihundert dieser teuflischen Shanghai-Hühner! Was soll ich damit? Einer meiner Nachbarn (ein Polizist) blieb auf jeder Menge Cochins sitzen, er schwört, dass er sie keinesfalls den Winter über durchfüttern wird. Jetzt hat er sie als Diebesgut inseriert, in der vagen Hoffnung, so vermute ich, dass irgendein Trottel sich meldet und als sein Eigentum reklamiert. Man kriegt diese Vögel einfach nicht mehr los! Sie lassen sich nicht verkaufen, auch nicht verschenken, keiner will sie. Man kann sie nicht einmal verhungern lassen, weil sie unter schlechten Bedingungen böse und gefährlich werden und die stärkste Stalltür eintreten. Und töten kann man sie auch nicht, weil sie robust wie Nashörner sind und so viele Leben haben wie Katzen. Ach je! Burnham, ich werde nie den Mann vergessen, der mir die ersten paar Hühner brachte. Wollen Sie die, die noch da sind? Nehmen Sie sie? Wie viel soll ich Ihnen bezahlen, damit Sie sie nehmen? Helfen Sie mir, wenn Sie können.«[23]

Aus heutiger Sicht erscheint das Hühnerfieber völlig absurd, und doch war es typisch für die soziale Funktion, die Tiere im viktorianischen Zeitalter hatten. Zu Beginn des 19. Jahrhunderts war die Haustierhaltung bereits weiverbreitet, die Menschen waren erpicht auf

Konsum – auch um die eigene gesellschaftliche Position zu demonstrieren. Das Kaufen (auch von Tieren) hatte mindestens genauso viel mit dem sozialen Status zu tun wie mit der Beschaffung von Notwendigkeiten. Lebewesen waren Güter, die man erwerben, mit denen man handeln und die man zur Schau stellen konnte, so wie es heute Autos, Kleidung und Häuser sind. Haustiere – also Tiere, die man als Gesellschaft oder zur Unterhaltung, nicht zum Zweck der Ernährung oder des Broterwerbs hielt – spiegeln die Statusfixierung jener Zeit. Teure, seltene und exotische Tiere waren hoch angesehen, die Kosten für Erwerb und Unterhalt zeigten auch, wie viel Einkommen einer Familie zur Verfügung stand.

Da man in der Arbeiterklasse Mischlingshunde, wilde Vögel oder Ähnliches besaß, kam es bei der Haustierhaltung auf die Züchtung an. Die richtigen, die besonderen Haustiere zeichneten sich durch Reinrassigkeit und ihren Stammbaum aus, schließlich konnten sich nur Leute mit Bildung, Urteilsvermögen und Geld solch ausgewählte Exemplare leisten. Aus Sicht der ehrgeizigen Mittelschicht und der saturierten Oberschicht spiegelte das reinrassige Haustier – und damit auch das Rassehuhn – den Status der Besitzer, während Mischlinge und das Federvieh auf dem Misthaufen dem Pöbel zuzuordnen waren.

Zur Zeit Queen Victorias vollzog sich auch ein Umbruch im wissenschaftlichen Denken und im Verhältnis des Menschen zur Natur. Nicht nur Charles Darwin warf mit seinen Werken Fragen zur Evolution des Menschen und seiner Verwandtschaft mit den Tieren auf – was die einen begrüßten und andere eher beunruhigte. Insofern ist es vielleicht nicht überraschend, dass in dieser Phase einerseits die Tierschutzbewegung entstand und sich andererseits die Tendenz, Tiere einzusperren, zu dressieren und dem menschlichen Willen zu unterwerfen, weiter verstärkte. In Zoos und auf Tierschauen, in Museen und im Zirkus feierte die Menschheit ihre Beherrschung der Natur. In der viktorianischen Begeisterung für die Taxidermie ist diese Haltung ins Extrem gesteigert: Man stopfte die Tiere in unnatürlichen oder lustigen Körperhaltungen aus und verlängerte so die Dominanz und Kontrolle des Menschen in die Ewigkeit hinein.

Der Zusammenbruch der Hühnermanie im Jahr 1855 brachte vielen opportunistischen Investoren den Ruin, doch Außenstehende hatten ihn kommen sehen. Schon zwei Jahre zuvor hatte der Geflügelexperte der Zeitschrift *The Field* prophezeit, »wie die Tulpe und die Dahlie werden die Hühner irgendwann ausgedient haben und zur Kategorie vergessener Spleens und Moden gehören«. Er hatte auch darauf hingewiesen, dass die Zucht von Modehühnern zwar ein paar recht faszinierende und schöne Rassen hervorgebracht habe, man sich jedoch besser auf einen viel bedeutenderen Gewinn konzentrieren solle: »Die wichtigste Eigenschaft des Geflügels besteht darin, die Menschen mit Nahrung zu versorgen.« Sein Argument: »Die besten Sorten sind die, die die meisten Eier legen und das beste Fleisch liefern.« Der Autor ging die vielen neuen schillernden Rassen durch und konstatierte, dass keine davon sämtliche Kriterien eines idealen kommerziellen Huhns erfüllte. Das Cochin war groß und legte viele Eier, doch beim Dorking war das Fleisch schmackhafter. Die Spanier legten gut, brüteten aber schlecht und kümmerten sich noch schlechter um den Nachwuchs. Die Kampfhühner lieferten hübsche Eier, waren aber so reizbar, dass man sich ihnen kaum nähern konnte. Und die polnischen Haubenhühner bezauberten zwar mit ihrem Puschelkopf, legten aber minderwertige Eier, waren »schlechte Brüter und kleine Vögel«.[24] Warum nur, so fragte er entnervt, versuche keiner, durch Kreuzung der neuen Rassen »bei unserem Federvieh möglichst viele Qualitäten wie schmackhaftes Fleisch, viele Eier, gute Bruteigenschaften und ein angenehmes Wesen zu vereinen?«.

Auch andere Kommentatoren ärgerten sich über dekorative, aber letztlich nutzlose Eigenschaften der Hühner, die bei den Geflügelausstellungen bewundert wurden. Ein Huhn sei nicht deshalb besonders wertvoll, schäumte ein Journalist in der *Times*, »weil es ›golden‹ oder ›silbern gezeichnet‹ ist, über eine ›weiße Haube‹ oder einen ›Doppelkamm‹ verfügt, wohingegen die ›Doppelbrust‹, wenn sie denn möglich wäre, eine durchaus wünschenswerte neue Eigenschaft ist. Eine auf Plumpheit oder Pummeligkeit getrimmte Sorte zog wegen ihrer kurzen Beine viel Aufmerksamkeit auf sich. Es entzieht sich unserem Verständnis, was das für einen Vorteil haben soll, wenn nicht den, dass sie auch in einen kleineren Topf passt.«[25]

Den erbitterten Kritikern des Zuchtuniversums entging allerdings, was da direkt vor ihren Augen geschah.

Erstmals in der Geschichte wussten Züchter und Besitzer die große Hühnervielfalt zu schätzen, die außerhalb ihres eigenen Stalls weltweit existierte. Durch das kontinuierliche Kreuzen unterschiedlicher Arten begannen Geflügelhalter zu begreifen, was selektive Zucht wirklich bedeutete. Indem sie bestimmte Eigenschaften favorisierten und die Tiere, in denen diese am deutlichsten ausgeprägt waren, auswählten, um wiederum mit deren Nachwuchs weiterzuzüchten, waren Dutzende neuer Rassen und Varietäten mit jeweils individuellen Qualitäten entstanden.

Zu Beginn des 20. Jahrhunderts existierten Hunderte neuer Moderassen. Während die Anhänger des Ausstellungsgeflügels sich weiterhin auf die flauschigsten, buntesten, größten oder kleinsten Hühner konzentrierten, begannen viele Züchter zu überlegen, welches *Verhalten* sie sich von den einzelnen Züchtungen erhofften. Alle, die Hühner der Eier oder des Fleischs wegen produzierten, mussten die Feder- und Flauschüberlegungen zugunsten völlig neuer Qualitätskriterien hintanstellen. Nur dass es nun um einen Wettbewerb ging, den kein Huhn jemals gewinnen wollte.

6.
Legehennen

»Ich legte täglich nur ein Ei«

Das Cochin-Huhn

Das Hühnerei gehört zu den genialsten Konstrukten der Natur. Es baut sich von innen nach außen Schicht für Schicht auf, während es durch den Körper der Henne wandert. Ist das befruchtete Ei gelegt, bietet es dem darin wachsenden Küken Schutz und sämtliche Nährstoffe, somit ein komplettes Zuhause.

Jede Henne wird mit Tausenden unreifen Eizellen geboren. Sobald sie legereif ist (ab einem Alter von etwa 20 Wochen), lösen sich im Eierstock regelmäßig winzige Dotterkugeln und wandern in den Eileiter, eine lange, spiralförmige Röhre im Fortpflanzungssystem der Hühner. Während der Dotter wächst und langsam den Eileiter hinunterwandert, beginnt sich rundherum das Eiweiß zu bilden, gefolgt von der Schalenmembran. Das zu diesem Zeitpunkt immer noch weiche Ei wandert in die Schalendrüse (Uterus). In den etwa 20 Stunden, die es darin verweilt, bekommt es die abschließende Schicht aus hartem Kalziumkarbonat. Auf der gesamten Strecke bewegt es sich mit dem spitzen Ende voran und rotiert leicht wie eine Kugel im Gewehrlauf, in der letzten Stunde jedoch wird das Ei gewendet und verlässt den Hühnerkörper mit dem breiten Ende voran.

Was die Frage nach sich zieht, warum Hühnereier genau so geformt sind. Schließlich gibt es Vogeleier in allen möglichen Formen und Größen, von den nahezu kugelförmigen der Sperbereule bis zu den länglichschmalen torpedoförmigen des Zwergtauchers. Manche Eier haben auch eine ausgeprägte Kegelform, wie die der Lumme. Hühnereier liegen irgendwo dazwischen: weder richtig oval noch perfekt kugelförmig, insgesamt rundlich, aber an einem Ende spitzer. Viele Jahre lang versuchte die Wissenschaft, eine Erklärung für diese Form zu finden. Eine interessante These besagt, die Eiform hänge davon ab, wo ein Vogel das Ei legte. Bei Vögeln, die in flachem oder geneigtem Gelände nisten, wie viele Arten von Felsenbrütern, sind die Eier eher kegelförmig, während Vögel, die schalenförmige Nester bauen, eher kugelige Eier legen. Kegelförmige Eier gehen nicht so leicht verloren, wenn sie versehentlich angestupst werden, da sie nicht davonrollen, sondern eher im Kreis.[1]

Eine andere Theorie erklärt die Eierform mit der Größe des Geleges, das die Mutter während der Brut warm zu halten hat. Je mehr Eier, desto wichtiger ist es, dass sie auf kleinem Raum ohne viel Luft dazwischen nebeneinanderpassen. Kegel fügen sich in Kreisform effizienter aneinander als Kugeln, vor allem wenn das schmale Ende, wie bei ein Tortenstück, nach innen zeigt. Andere Forschende weisen darauf hin, dass kugelförmige Eier das bestmögliche Verhältnis von Oberfläche zu Volumen aufweisen und darum zur Bildung weniger Kalzium benötigen. Runde Eier könnten insofern eine Anpassung an eine Umgebung sein, die den Vögeln nur Futter mit einem geringen Anteil dieses wichtigen Minerals bietet.

Erst vor Kurzem jedoch hat eine fesselnde Studie zu Tausenden von Eierformen quer durch die gesamte Vogelwelt eine neue überraschende Perspektive aufgezeigt.

Der Evolutionsbiologin und Verhaltensökologin Mary Caswell Stoddard gelang es mit Unterstützung ihres Teams der Princeton University in einer Mammutaufgabe, fast 50 000 Eier von knapp 1 400 Vogelarten als Kugeln, Ovale oder Kegel zu klassifizieren. Das Team stellte fest, dass die Form möglicherweise damit zusammenhängt, wie gut die Vögel fliegen können. Vögel, die gut und häufig fliegen und lange Strecken zurücklegen, haben längere, schmalere und spitzere Flügel. Vögel, die weniger häufig fliegen und sich vorwiegend an einem Ort aufhalten, haben kürzere, breitere und rundlichere Flügel. Die Vögel mit den schmaleren, spitzeren Flügeln legen laut Studie auch schmalere, spitzere Eier. Vögel mit breiteren, abgerundeten Flügeln – wie Hühner – legen rundlichere Eier. Vielleicht haben die »Vielflieger« im Lauf der Evolution nicht nur einen muskulöseren, stromlinienförmigen Körper, sondern auch schmalere Eileiter entwickelt, durch die nur längliche, ebenso stromlinienförmige Eier passen.[2]

Wenn das Huhn doch definitiv nicht sehr hoch fliegt, warum sind seine Eier dann birnenförmig und nicht richtig oval? Diese interessante Frage wurde bislang immer noch nicht befriedigend beantwortet. Birnenförmige Eier können Hennen leichter aus ihrer Kloake pressen, was vorwiegend mit dem breiten Ende voran geschieht, eine Eigentümlichkeit, die auch dem altgriechischen Philosophen und Universalgelehrten Aristoteles aufgefallen ist, denn dies widerspricht der Intuition. Tatsächlich jedoch bewegt sich das Ei leichter voran, indem man Muskelkraft auf das spitzere Ende ausübt, so wie man einen Apfelkern zwischen den Fingerspitzen wegschnippt. Die frühere Annahme, das breitere

Ende sei stabiler und deshalb die Bruchgefahr geringer, wenn das Ei auf den Boden plumpst, konnte die moderne Forschung nicht bestätigen. In Wahrheit hält das schmalere Ende Druck sogar etwas besser stand, während beide Enden generell stärker sind als die Seiten.

Legt man ein Hühnerei auf die Seite, zeigt das schmalere Ende ganz leicht nach unten. Brütereien wissen auch schon seit langer Zeit, dass die Orientierung des Eis im Inkubator einen Einfluss auf die Wahrscheinlichkeit des Schlüpfens hat. Studien konnten zeigen, dass das Bebrüten in unterschiedlichen Winkeln zu sehr unterschiedlichen Ergebnissen führt: So schlüpfen aus Eiern, deren Spitze nach oben zeigt, deutlich seltener Küken als bei nach unten geneigter Spitze. Eine vollständige Erklärung dafür gibt es noch nicht, doch erhält das breitere Ende offenbar mehr Sauerstoff, denn dort sitzt die Luftkammer. In ihr befindet sich der Sauerstoffvorrat, den das Küken vor dem Schlüpfen benötigt. Liegt das Ei in einem Inkubator versehentlich mit dem breiten Ende nach unten, befindet sich der Kopf des Kükens an dem Ende ohne Luftkammer, und das Junge wird vermutlich nicht durchkommen. Die natürliche Birnenform des Hühnereis könnte also eine Strategie der Natur sein, die Überlebenschancen des Kükens zu erhöhen.

Moderne Hühnerrassen legen durchschnittlich ein Ei pro Tag, ein Tempo, das man trotz jahrhundertelanger menschlicher Zuchtbemühungen bisher nicht weiter beschleunigen konnte. Auch wenn sich die bisherige Rekordhalterin mit beeindruckenden 371* Stück in einem Jahr den Hintern wund legte, konnte die Wissenschaft glücklicherweise noch nicht mehr aus den hart schuftenden Hennen herauspressen – und das, obwohl die einfühlsame Kunst des Brütens eine Kompetenz war, die der Mensch dem Huhn als Erstes aus der Hand nahmen.

Um ein Hühnerei auszubrüten, muss es kontinuierlich gemütlich warm gehalten werden; die optimale Temperatur liegt bei 37,5 Grad Celsius. Überlässt man es einer Henne, sitzt sie am liebsten auf einem beruhigend großen Gelege von acht bis zwölf Eiern, statt jedes einzeln zu bebrüten. Man geht davon aus, dass das »Brüthormon« Prolaktin erst ausgeschüttet wird, wenn sie mehrere Eier gelegt hat. Hat es sich die Henne auf dem Gelege dann bequem gemacht, bleibt sie pflichtbewusst drei Wochen lang darauf sitzen und verlässt es nur kurz, um nach Futter zu scharren oder zu trinken. In diesen 21 Tagen bis zum Schlüpfen wendet sie die Eier regelmäßig und sehr behutsam, indem sie ihren Schnabel darunter schiebt. So bleibt das sich entwickelnde Küken nicht an der Schalenmembran kleben, und die Wärme wird im Ei gleichmäßig verteilt.

Der Embryo braucht auch ein gewisses Maß an Feuchtigkeit, um sich normal zu entwickeln, und für

---

* Die höchste offiziell bestätigte Zahl liegt bei 371 Eiern in 364 Tagen, die ein White Leghorn 1979 am Landwirtschaftskolleg der University of Missouri in den USA produzierte. (Quelle: Guinness-Weltrekorde – produktivstes Huhn).

diese sorgen die Mutter mit ihrem Körper sowie die Umgebung. Dieser heikle Balanceakt gelingt nicht immer, weswegen aus einem von fünf natürlich bebrüteten Eiern kein Küken schlüpft. Insofern ist es erstaunlich, dass es einer antiken Zivilisation gelungen ist, diesen Prozess zu imitieren – noch erstaunlicher, dass dies in industriellem Maßstab geschah.

Die ganze Welt bestaunt die architektonischen Wunderwerke Ägyptens, doch nur wenige haben schon von ihren bemerkenswerten Brutöfen gehört. René-Antoine Ferchault de Réaumur, ein französischer Wissenschaftler des 18. Jahrhunderts, war der Ansicht, Ägypten könne stolzer auf diese Apparate sein als auf seine Pyramiden. Eine gewagte Behauptung, doch die alte Kultur verfügte in der Tat über beachtliche Fähigkeiten im Ausbrüten von Eiern. Die erste Erwähnung dieser künstlichen Brutapparate findet sich in Aristoteles' *Geschichte der Tiere* (verfasst etwa 350 vor Christus): »Sie entwickeln sich [...] nichts desto weniger indeß auch von selbst in der Erde, wie in Aegypten, wo man sie in den Mist eingräbt [...]«[3] Nur zwei Jahrhunderte später hatten ägyptische Geflügelhalter das Eierbrüten schon zu einer regelrechten Kunst entwickelt. Der griechische Historiker Diodor war merklich beeindruckt. In seiner Weltgeschichte aus dem 1. Jahrhundert vor Christus schreibt er: »Wundern muss man sich besonders, wie weit es durch ihren ausserordentlichen Fleiß die Wärter der Hühner und die Gänsehirten gebracht haben. Ausser der allgemein bekannten Art, auf dem natürlichen Wege diese Thiere auszuhecken, haben sie noch ein künstliches Mittel, eine unglaubliche Menge Junge zu ziehen. Sie lassen die Eier nicht durch die

Hühner selbst ausbrüten, sondern durch eine ganz besonders sinnreich ausgedachte Einrichtung, die ebenso wirksam ist, als die Kraft der Natur.«[4]

In Ägypten nannte man die Öfen *maamal-el-firak* (Hühnerfabrik). Réaumur war von der Idee des künstlichen Brütens fasziniert und äußerte sich dazu ausführlich in seinem zweibändigen Werk *Art de faire éclore et d'élever en toute saison des Oiseaux Domestiques de toutes espèces* (Die Kunst, Hausgeflügel aller Art zu jeder Zeit auszubrüten und aufzuziehen). Eine Kurzzusammenfassung des gelehrten, aber auch langatmigen Buchs (ursprünglich 1749 in Paris veröffentlicht) übersetzte der englische Wissenschaftler Abraham Trembley und stellte es ein Jahr später in der Royal Society vor. Die Wissenschaftsgemeinde des Landes war verblüfft vom schieren Ausmaß der ägyptischen »Industrie« und den streng gehüteten Geheimnissen derer, die die Öfen bewirtschafteten. »Die Art und Weise, wie die Eier ausgebrütet werden«, so heißt es in dem Exzerpt, »kennen nur die Bewohner eines einzigen Dorfes und dessen Umgebung genau, es liegt etwa zwanzig Wegstunden von Kairo entfernt im Delta und heißt Bermè. Die Einwohner unterrichten ihre Kinder in dieser Kunst, halten sie aber vor Fremden geheim.«[5]

Als Réaumurs Buch erschien, existierten etwa 400 Brutöfen mit Platz für jeweils 40 000 bis 80 000 Eier. Die Öfen arbeiteten verlässlich sechs Monate pro Jahr und bebrüteten alle drei Wochen eine neue Charge. Die Bezahlung der Betreiber beruhte auf einer besonderen Vereinbarung: Sie mussten nur zwei Drittel der gelieferten Eier in Form von geschlüpften Küken abliefern. Wer geschickt war, konnte auf eine höhere

Schlüpfrate von 80 bis 90 Prozent hoffen und die überzähligen Küken behalten, um sie zu verspeisen oder zu verkaufen. Selbst aus heutiger Sicht war die schiere Menge des so erzeugten Geflügels außerordentlich, und Réaumur berechnete, dass bei nur zwei Dritteln erfolgreich ausgebrüteter Eier die ägyptischen Brutöfen jährlich fast 13 Millionen Küken lieferten.

Die Bauweise des Brutofens hatte sich mit der Zeit weiterentwickelt. Ein Reisebericht aus dem 14. Jahrhundert mit dem Titel *The Travels of Sir John Mandeville* beschrieb kleine Öfen, in denen die Eier mit Pferdemist bedeckt wurden, der während der Verrottung kontinuierlich Wärme abgab. »Nach drei Wochen oder einem Monat kommen die Leute zurück und holen sich ihre Küken und ziehen sie auf und züchten sie weiter, sodass das ganze Land voll davon ist«, heißt es darin.[6] Zu Beginn des 16. Jahrhunderts imaginierte Sir Thomas Morus in *Utopia* eine Insel voller Hühner, eine Vorstellung, die sehr wahrscheinlich auf seiner Kenntnis der ägyptischen Brutöfen basierte: »Hühner ziehen sie in gewaltiger Menge auf, und zwar mit Hilfe einer erstaunlichen Vorrichtung. Die Hennen brüten nämlich ihre Eier nicht selbst aus; vielmehr setzt man diese in großer Zahl einer gleichmäßigen Wärme aus, bringt sie dadurch zum Leben und zieht die Kücken auf. Sobald diese aus der Schale schlüpfen, laufen sie den Menschen wie ihren Hennenmüttern nach und betrachten sie als solche.«[7] In späteren Berichten war allerdings von Ziegelbauten die Rede, die eher einem Brotbackofen ähnelten, in denen man einen Brennstoff sehr behutsam verbrannte, um eine gleichmäßig wohlige Temperatur zu halten.

Im Lauf der Jahrhunderte versuchten mehrere europäische Ingenieure und Erfinder, eigene Inkubatoren zu konstruieren. Giambattista della Porta*, Dramatiker und Universalgelehrter des 16. Jahrhunderts, soll die alten ägyptischen Modelle gekannt haben: »Was ich aber selbst getan und andere tun gesehen habe«, berichtete er 1558, »sollte ich kurz darlegen, dass nämlich jeder mit wenig Mühe und ohne Hennen Eier in einem heißen Ofen ausbrüten kann.« Della Porta brüstete sich mit unmöglich erscheinenden Erfolgsraten: »Wenn man sorgfältig arbeitet, wie ich es gezeigt habe, verliert man von dreihundert Stück höchstens zehn bis zwanzig.« Mit seiner Prahlerei tat er sich selbst allerdings keinen Gefallen, da sie die Inquisitoren der katholischen Kirche auf den Plan rief. Diese lauerten nur darauf, jemanden bei der Beschäftigung mit den sogenannten Schwarzen Künsten zu ertappen, und der beinahe magisch zu nennende Erfolg von Della Portas Inkubator erregte ihr Misstrauen, worauf er sich gezwungen sah, jedes weitere potenziell häretische Herumexperimentieren zu unterlassen.[8]

Der holländische Erfinder Cornelis Drebbel, den meisten wohl bekannter für den Bau des ersten funktionierenden Unterseeboots in den 1620er-Jahren, hatte

* Von Giambattista della Porta wird auch erzählt, er habe während der Inquisition geheime Botschaften in hart gekochten Eiern zu seinen Freunden ins Gefängnis geschmuggelt. Della Porta beschrieb ein altes Rezept mit gemahlener Eichengalle, Alaun und Essig, das eine Tinte ergab, die durch die Eierschale drang und die Nachricht innen auf dem Ei hinterließ, ohne dass davon außen eine Spur blieb.

sich einige Jahre zuvor bereits an einem selbstregulierenden Inkubator versucht. Aus den Zeichnungen lässt sich schließen, dass Drebbels »Zirkulationsofen« die ideale Temperatur für die Eier konstant halten konnte. Hundert Jahre später staunte der Chronist Cornelis van der Woude, dass Drebbel »in der Lage war, mit einem eigenartigen und lustigen Apparat rund ums Jahr Enten- und Hühnereier auszubrüten, selbst mitten im Winter, ohne dafür Enten oder Hühner zu nutzen, und alles funktionierte so präzise, dass die Jungen zur richtigen Zeit geboren wurden, genau so, als hätten Enten und Hühner sie ausgebrütet«. Doch wie viele nagelneue Erfindungen wurde Drebbels Inkubator eher als Kuriosität zur Unterhaltung des königlichen Hofes betrachtet denn als kommerzieller Durchbruch. Trotz seiner Brillanz und seiner beeindruckenden Errungenschaften verdiente Drebbel kein bisschen Geld mit seinem Apparat oder anderen Erfindungen, verarmte und musste am Ende in einem Wirtshaus arbeiten.[9]

Springen wir ins 18. Jahrhundert, in dem Réaumur, angespornt vom Erfolg der Ägypter, seinen eigenen »Dung-Inkubator« testete. Das Gerät war die Frucht eines Jahres voller Experimente, die der Wissenschaftler mit seinem geschickten Gärtner und einer quicklebendigen Hühnerschar durchführte. Nach Monaten der Versuche und Irrtümer und vielerlei Enttäuschungen kam sein Gehilfe mit dem grünen Daumen, »der sich um so viele glücklose Gelege gekümmert hatte und dessen Hoffnung wie die meine nie sank, eines Abends völlig aufgelöst herein, um mir die gute Nachricht, auf die wir so lange warten mussten, zu überbringen«. Auch Réaumur selbst war außer sich vor Aufregung:

»Eines der Eier war gesprungen, das heißt, es hatte kleine Risse in der Schale, und das kleine Küken, das sie verursacht hatte, konnte man von drinnen hören.«[10]

Réaumurs Inkubator war anfangs nicht mehr als eine Kiste Eier unter einem Häufchen Mist, doch bald verfeinerte er seine Konstruktion zu einem hölzernen Kasten mit Luftloch, in den flache Körbe mit den Eiern geschichtet wurden. Ein Priester, der eine Kommune in Paris leitete, bat Réaumur, in den Gebäuden und auf dem Gelände nach einem geeigneten Platz für einen Dungofen Ausschau zu halten. Als Réaumur die Bäckerei betrat, fiel ihm auf, dass eine kleine Dachkammer über den riesigen Öfen genau die richtige Temperatur hatte. »Ich stieg hinauf, und die Hitze, die mir entgegenschlug, kaum dass ich den Raum betrat, ließ mich vermuten, dass er zum Ausbrüten der Küken ebenso geeignet sein könnte wie die ägyptischen Öfen.« Unter seiner Anleitung begannen die Nonnen der Gemeinschaft, mit dem neuen Heißluftofen zu experimentieren, und erzielten offenbar gute Ergebnisse in Form von flauschigen Küken, die regelmäßig zum Schlüpfen gebracht wurden.

Diese Versuche sprachen sich herum. In den 1750er-Jahren schrieb ein in Kanada ansässiger französischer Arzt ganz begeistert an Réaumur: »Im letzten Jahr und noch häufiger in diesem haben die Leute im Februar junge Hühner gegessen, was niemals zuvor passiert ist.«[11]

Nach der anfänglichen Begeisterung schien das Interesse an Réaumurs Brutverfahren jedoch bald zu erlahmen, nicht zuletzt weil es häufig nicht gelang, die Temperatur oder die Belüftung der Inkubatoren so zu regulieren, dass eine zufriedenstellende Zahl an Küken schlüpfte. Réaumur selbst war klar, dass die Magie der ägyptischen Brutöfen weniger in ihrer Bauweise als vielmehr in den Betreibern zu suchen war. Die Sorgfalt und Aufmerksamkeit, die sie den Eiern zukommen ließen, waren für den Erfolg verantwortlich: Täglich kam die zuständige Person, um alle Eier per Hand zu wenden und sie je nach Bedarf in die wärmeren oder kühleren Bereiche des Ofens zu schieben. Thermometer waren eine neue und nicht immer verlässliche Technik. Réaumur hatte für seinen Brutapparat eine alkoholbasierte Version entwickelt, um Daniel Gabriel Fahrenheits Quecksilberthermometer Konkurrenz zu machen, doch nichts konnte es mit der Intuition eines Hühnerzüchters aus Bermè aufnehmen, der die Temperatur maß, indem er das Ei sanft gegen Wange oder Augenlid drückte.

Im Laufe des 19. Jahrhunderts wurden weitere Prototypen von Brutapparaten entwickelt. Die verrückten, untauglichen oder aus anderen Gründen zum Scheitern verurteilten Ideen reichten von etruskischen Vasen bis zu Hähnen, die als Bruthennen dienen sollten. Eine besonders unerfreuliche Technik nannte sich »lebende Brutmaschine« und bestand aus einer Truthenne, die man in einem dunklen Raum in eine enge Kiste sperrte, wo sie auf einem großen Haufen Hühnereier sitzen musste und nur einmal pro Tag herausgenommen wurde, um zwangsernährt, also gestopft zu werden. Um den geschlüpften Küken als Ersatzmutter zu dienen, stellte man die Truthenne ruhig. Man gab ihr »im Dunkeln ein Glas Wein, ein bis zwei Stunden, nachdem man die Küken unter ihr platziert hatte, derer sie sich am Morgen annahm«.[12] Unter diesen Bedingungen überlebten die Tiere nur drei bis sechs Monate, doch in den 1860er-Jahren betrachteten Fachleute das System in kommerzieller Hinsicht als großen Erfolg und »die beste und günstigste Brutmethode«.[13] Andere erwähnenswerte und exzentrische Praktiken waren belebende Reibungselektrizität, der man die Eier eine halbe Stunde lang aussetzte, Inkubatoren, die man zur Isolation in schwere Gardinen packte, oder Apparate, die von natürlichen heißen Quellen beheizt wurden.[14]

Ende des 19. Jahrhunderts waren dann einige verlässlichere Maschinen auf dem Markt, darunter der 1881 in England patentierte ölbeheizte Eierbrutapparat von Hearson sowie Cyphers selbstbelüftender Inkubator, der sich nach seiner Markteinführung 1896 als Verkaufsschlager erwies. Charles Cypher war darüber hinaus von einem gewissen Mr. Truslow, einem Entenbrüter aus Pennsylvania, beauftragt worden, Amerikas ersten Megabrutapparat zu entwickeln. Truslow wollte sozusagen in ägyptischen Dimensionen arbeiten, mit 20 000 Eiern und mehr gleichzeitig. Cypher erfand und baute daraufhin »The Mammoth«, einen scheunengroßen Apparat, der trotz seiner Größe ausgezeichnet funktionierte. Truslow, kein Mann großer Worte, verfasste später eine Lobeshymne: »Meine Herren, es reicht, ein paar Zahlen dieser Brutsaison zu nennen: 22 848 Eier in Cyphers Inkubator gesteckt, geschlüpft sind 12 517 Enten, also knapp 55 Prozent.

Zieht man den ersten und letzten Schlüpfmonat ab, in denen die Eier nie gut sind, schlüpften aus 17250 Eiern in Cyphers Inkubator 11035 Küken, also knapp 64 Prozent.«[15] Damit war die Massenbrüterei möglich geworden.

Durchaus interessant daran ist die ambivalente Reaktion der meisten Bauern. Obwohl man so viele andere landwirtschaftliche Bereiche – Nutzpflanzen und -tiere sowie Düngemethoden – im 18. und 19. Jahrhundert revolutioniert hatte, sahen nur wenige einen Sinn darin, sich mit Hühnern und Eiern zu beschäftigen. Viele Landwirte betrachteten den Hühnerstall als Bereich der Hausfrau, die mit diesem Zeitvertreib für ein paar Eier sorgte oder sich ein Taschengeld dazuverdiente. Die Erneuerer der Landwirtschaft im viktorianischen Zeitalter hielten Brutapparate offenbar für eine völlig überflüssige Technologie, wie einer von ihnen 1854 darlegte: »Es gab keinen adäquaten Grund, sich in diesem Land damit zu beschäftigen, wo eine ausreichende, wenn nicht gar die Nachfrage übersteigende Menge an Geflügel auf natürlichem Weg erzeugt werden kann.«[16]

In diesem Zusammenhang lohnt ein Blick auf die historischen Legegewohnheiten der Hennen. Als der antike Experte Columella seine Anleitung für römische Hühnerhalter verfasste, äußerte er sich auch zu den Rassen, die sich wegen ihrer Eier zu halten lohnten. Während die streitlustigen Griechen die nach hellenistischen Städten oder Gegenden wie Tanagra, Rhodos oder Chalkidiki benannten Kämpferrassen schätzten, bevorzugte Columella produktive Hühner mit rotem oder dunklem Gefieder und schwarzen Flügeln. Von weißen Exemplaren riet er ab, sie seien »empfindlich und weniger lebenskräftig«, auch Zwerghühner seien »nur etwas für Leute, die an ihrer Kleinheit Freude haben«. Die besten Legehühner beschrieb er so: »Die Hennen sollen also von roter Farbe, untersetzt und starkbrüstig sein, große Köpfe, aufgerichtete rötliche Kämme, weiße Ohren haben und dergestalt recht ansehnlich sein. Die Krallen können verschieden sein, als beste gelten Hühner, die fünf Zehen haben [...]«[17]

Das von Columella beschriebene Huhn klingt nach Dorking, doch wissen wir sehr wenig über die Hühnerrassen, die in der Antike der Eier wegen gehalten wurden. Aristoteles erwähnte sogar eine illyrische* Henne, die angeblich drei Eier pro Tag legte, was Fachleute für unglaubwürdig halten.

Nur wenigen Menschen ist heute noch bewusst, dass Eier früher ein saisonales Nahrungsmittel waren. Die meisten Eier legten die Hennen im Frühjahr, um ihren Küken die besten Überlebenschancen zu bieten, über den Sommer reduzierten sie ihre Legetätigkeit und stellten sie über mehrere Wintermonate hinweg komplett ein. Unterschiedliche Faktoren beeinflussen die Zahl der Eier, die eine Henne legt. Dazu gehören die Menge an Tageslicht, ihr Stresslevel, die Qualität ihres Futters sowie die Mauser, während der die Energie in neue Federn statt in Eier fließt. Einige Faktoren spielen eine größere, andere eine geringere Rolle.

Schon die frühen Bauern hatten schnell heraus, dass man Hennen dazu bringen konnte, etwas länger in den Winter hinein zu legen, wenn man sie gut fütterte und

---

* Illyrien ist eine antike Landschaft auf dem nordwestlichen Balkan.

sie im warmen Stall hielt. Solche »Dauerlegehennen« waren allerdings selten, und die meisten Bauern konnten es sich nicht leisten, ihre Hühner rund ums Jahr durchzufüttern und warm zu halten. Und selbst wenn sie es gekonnt hätten, waren viele Hennen durch das Einsperren gestresst oder wurden krank, sodass sie das Legen ebenfalls einstellten. Um die Legegewohnheiten von Hennen zu ändern, musste der Mensch deren Gene verändern.

In einer spannenden Studie versuchte ein internationales Team an der University of Oxford herauszufinden, wann in der europäischen Geschichte die Menschen begannen, die jahreszeitlich bedingten Legegewohnheiten der Hennen zu beeinflussen, und – noch wichtiger – warum sie es taten.[18] Durch DNA-Analysen der Überreste von Hühnern aus dem 3. Jahrhundert vor Christus bis heute konnten die Forschenden Veränderungen am genetischen Code feststellen. Dabei war vor allem ein Gen entscheidend. Der Thyreotropin-Rezeptor (TSHR) spielt im Leben von Hennen eine wichtige Rolle, da er ihr Wachstum, den Stoffwechsel und die durch das Tageslicht beeinflusste Legeaktivität steuert. Bei modernen Legehennen ist dieses Gen verändert und sorgt dafür, dass sie bei Geschlechtsreife früher zu legen beginnen und ihr streng jahreszeitliches Reproduktionsverhalten ablegen; das heißt, sie legen bis in den Winter oder sogar ganzjährig. Durch das mutierte Gen sind sie offenbar in großen Gruppen oder beengten Räumen auch weniger stressanfällig. Überraschend war der Zeitraum, in dem sich das TSHR-Gen ausbreitete, nämlich etwa um das Jahr 1000 und damit viel später als angenommen.

Aus historischer Sicht scheint das allerdings gut nachvollziehbar. Zwischen dem 9. und 12. Jahrhundert änderten sich in Europa die Ernährungsgewohnheiten. Wie schon erwähnt, existierte die christliche Tradition des vorösterlichen Fastens bereits mindestens seit dem 4. Jahrhundert. Im Mittelalter verbreitete sich die Idee von Fastentagen als Ausdruck des Glaubens weiter, indem man auf weltliche Freuden verzichtete. Während in der vorösterlichen vierzigtägigen Fastenzeit der Verzicht auf rotes Fleisch, tierische Produkte und Alkohol vorgeschrieben war, reichte es an den anderen Fastentagen, kein rotes Fleisch zu essen. Eier und Fisch waren dagegen erlaubt. In der Hochzeit dieser Tradition fastete man in weiten Teilen Europas mindestens einen Tag pro Woche, üblicherweise am Freitag, manchmal auch am Mittwoch oder Samstag. Zählt man weitere Zeiten der Abstinenz wie Advent oder andere religiöse Feste hinzu, konnten pro Jahr leicht 250 Fastentage zusammenkommen, womit nur etwa 100 Tage ohne Einschränkungen blieben. So wurden Eier immer begehrter.

Neben religiösen Vorschriften könnte auch die Urbanisierung eine Rolle gespielt haben. Im Mittelalter wuchs die Bevölkerung ganz allgemein, aber besonders die in Städten. Letztere war auf die Lieferung von Nahrungsmitteln aus ländlichen Regionen angewiesen, begann jedoch zugleich, selbst Tiere in Gärten und Hinterhöfen zu halten. Große Arten wie Kühe waren unpraktisch, dagegen ließen sich kleine Schweine, Ziegen oder ein paar Hühner selbst in enge Verschläge sperren und lieferten so kontinuierlich Milch, Fleisch oder Eier. Die Hühner, die mit den beengten mittelalterlichen Verhältnissen zurechtkamen, lebten länger und hatten mehr Nachwuchs. Im Mittelalter bevorzugten Geflügelhalter, die sich Hennen wünschten, die früher und mehr Eier legten, vermutlich auch Tiere mit dem veränderten TSHR-Gen, einer natürlichen Mutation, während unproduktive Legehennen geschlachtet wurden. Diese über Jahrzehnte dauernde künstliche Selektion, während der die Exemplare mit den erwünschten Eigenschaften im Durchschnitt länger lebten und sich häufiger fortpflanzten, wirkte sich langsam, aber merklich sowohl auf die jahreszeitlichen Legegewohnheiten als auch das Temperament der Hühner aus.

Von den ersten Versuchen, Kammhühner zu zähmen, bis zum 20. Jahrhundert ist es der Menschheit allerdings selten gelungen, im Durchschnitt jährlich mehr als sechs Dutzend Eier aus einem einzelnen Huhn herauszupressen. So wurden im Mittelalter in der Buchhaltung von Gutsherren pro Vogel etwa 70 bis 80 Eier vermerkt.[19]

Noch im frühen 20. Jahrhundert waren landwirtschaftliche Experten überzeugt, es sei unmöglich, eine Henne dazu zu bringen, noch mehr Eier zu legen; andere hielten schon den Versuch für schädlich.

Der Autor und Eierfarmer Edgar Warren schrieb 1904: »Heutzutage ist viel von der 200-Eier-Henne die Rede. Die einen bestreiten, dass es sie gäbe, wie die mehr oder weniger märchenhaften Vögel Phönix oder Dodo. Andere räumen ein, dass es solche Ausnahmen gab, die aber keinesfalls dem Normalfall entsprechen. Wieder andere behaupten, dass ein häufigeres Vorkommen eher ein Unglück wäre denn ein Vorzug, da eine so ausufernde Eierproduktion ihr System so schwächen würde, dass aus ihren Eiern keine gesunden und kräftigen Küken schlüpfen – die 200-Eier-Henne liefe dann beständig Gefahr, aufgrund ihres eigenen Erfolgs auszusterben.«[20] Angesichts dieser ausgeprägten Skepsis war man überaus erstaunt, als es 1913 dem amerikanischen Geflügelexperten Professor James Dryden gelang, ein Huhn zu züchten, das innerhalb von zwölf Monaten 303 Eier legte. Das landwirtschaftliche Kolleg von Oregon hatte ihn 1907 als Leiter der Abteilung für Geflügelhaltung eingestellt. Und er hatte eine Mission: eine Henne zu erschaffen, die alle bisherigen Rekorde der Eierproduktion brach.

Ende des 18. Jahrhunderts lebte nur ein Zwanzigstel der amerikanischen Bevölkerung in Städten. Hundert Jahre später war es bereits ein Viertel, und 1920 lebten dann ebenso viele Menschen in urbanen Räumen wie auf dem Land. Das Wachstum der Stadtbevölkerung nutzte den Eierproduzenten, vor allem denen im Maisgürtel des Mittleren Westens, wo es genug Getreide als Hühnerfutter und zugleich eine gute Eisenbahnverbindung in die großen Städte gab. Dennoch begnügte sich diese aufstrebende Industrie mit einigen wenigen reinen Rassen, die man für die produktivsten Legehennen hielt, obwohl keine davon mehr als hundert Eier pro Jahr legte.

Dryden war sicher, dass sich eine gute Legetätigkeit in den Genen finden ließ, hegte allerdings den Verdacht, dass die Züchter an der falschen Stelle ansetzten. Viele Geflügelhalter beurteilten ihre Tiere nach wie vor nach den alten viktorianischen Ausstellungskriterien, da sie fälschlicherweise unterstellten, das ansprechende Äußere gehe mit vielen Eiern einher. Immer noch bevorzugten sie reinrassige Hühner mit Attributen wie schönem Federkleid, symmetrischem Kamm oder eleganten, geraden Schwanzfedern. Im Gespräch mit einem Zeitungsreporter klang Dryden 1910 fast schon verzweifelt: »Wir glauben die Geflügelindustrie zu fördern, indem wir Prämien für Gefieder oder andere modische Aspekte und den Körperbau verleihen, und die Bauern gehen zu den Ausstellungen, um sich dort ihre Tiere für die Zucht zu besorgen. Sie kommen gar nicht auf den Gedanken, dass die Prämien nichts über die Legequalitäten des Geflügels aussagen.«[21]

Das Geheimnis, so vermutete Dryden, war in Kreuzungen oder Hybriden zu finden. Die frei laufenden Hühner, die im Dreck und auf dem Misthaufen scharrten, mit ungeklärter Abstammung und einer großen Bandbreite an Eigenschaften, fanden sich auf den kleinen Bauern- und Hinterhöfen. Diese, davon war der Geflügelexperte überzeugt, »sind vitaler, fruchtbarer, weniger krankheitsanfällig und legen im Durchschnitt mehr Eier als ein Rassehuhn«. Ebenso überzeugt war er davon, dass die Geflügelhalter mehr auf die spezifischen Legegewohnheiten einzelner Hennen achten, mit ihren besten Exemplaren weiterzüchten und die Versagerinnen zum Schlachter bringen sollten.

Nach mehreren Versuchen mit unterschiedlichen Rassen kreuzte Dryden erfolgreich ein White Leghorn, das ursprünglich aus Italien stammte, mit einem Barred Plymouth Rock, das sich in den 1870er-Jahren verbreitet hatte und auf eine Kreuzung aus Java-Henne und »Misthaufen-Hahn« mit gestreiftem Gefieder zurückging. Die daraus hervorgehende White-Leghorn-Barred-Rock-Mischung wurde auf den fabelhaften Namen »Lady MacDuff« getauft und pulverisierte den bisherigen Legerekord mit erstmals über 300 Eiern pro Jahr. Während die Boulevardpresse Drydens und Lady MacDuffs Leistungen pries, war die Züchtergemeinde alles andere als begeistert.

Wie im letzten Kapitel dargelegt, waren Geflügelhalter im 19. Jahrhundert damit reich geworden, Rassehühner zu züchten und sie an Landwirte und Liebhaber gleichermaßen zu verkaufen. Einer der wichtigsten Aspekte der Agrarrevolution im 18. und frühen 19. Jahrhundert war die »Perfektionierung« von Nutztieren gewesen. Man wandte die wissenschaftlichen Erkenntnisse an, um durch Inzucht bessere, fleischigere oder fruchtbarere Rassen zu bekommen. Die gezielte Vermischung von Rassen, die Dryden propagierte, war also ein Schlag ins Gesicht aller Vertreter einer »Qualitätslandwirtschaft« oder wie der Herausgeber des *Cottage Grove Leader* aus Oregon zürnte: »Das würde die unvermeidliche Rückkehr in die Zeiten der wilden Schweine und minderwertigen Mischlinge bedeuten, die man noch vor einigen Jahrzehnten im Naturzustand antreffen konnte, bevor der Mensch sie zu ihrem derzeitigen vortrefflichen Standard hochgezüchtet hatte.«[22]

Noch abstoßender war, dass dieselbe Zeitung Drydens Arbeit mit der Kreuzung verschiedener menschlicher »Rassen« verglich, was gegen das »Naturgesetz«

verstoße: »Natürlich könnte man den Charakter und die Fähigkeiten der Chinesen oder Afrikaner mit der Einkreuzung der weißen Rasse verbessern, aber das wäre ein Schlag ins Gesicht der Kaukasier.«[23] Der Herausgeber des *Cottage Grove Leader* war mit seinen rassistischen Ansichten nicht allein. Die Eugenik gewann zu Beginn des 20. Jahrhunderts an Anziehungskraft, nicht zuletzt bei jenen, die sich auch für die genetischen Aspekte der Tierzucht interessierten.

Der Hühnerzüchter und Wissenschaftler Charles Davenport hatte keine Bedenken, in seinem 1906 erschienenen Buch *Inheritance in Poultry* (Vererbung beim Geflügel) seine Theorien zur Genetik von Geflügel auf das »Problem« des multiethnischen Amerika anzuwenden: »Wenn wir die Doktrin akzeptieren, dass die Menschheit nur aus einer einzigen Spezies besteht, sind sämtliche bedeutsamen Fragen der menschlichen Vererbung Fragen der Rassenvererbung. Das Ergebnis einer solchen Vermischung der Rassen, wie sie in Amerika stattfindet, ist eine Frage der Rassenvererbung. Der Nachwuchs eines Mannes und einer Frau mit einer oder mehreren unterschiedlichen Eigenschaften wird den Gesetzen folgen, die aus dem Studium der Rassenkreuzung abgeleitet sind. Das sind praktische Probleme der menschlichen Evolution, und Experimente mit domestizierten Tierrassen können ein Licht darauf werfen.«[24]

1910 gründete Davenport dann das Eugenics Record Office, dessen vorderstes Ziel darin bestand, die menschliche »Rasse zu verbessern«, indem untaugliche Individuen an der Fortpflanzung gehindert würden – was nichts anderes bedeutete, als in staatlichen

Einrichtungen »sozial unzulängliche« Menschen, darunter Arme, geistig Behinderte und Strafgefangene (bei denen ethnische Minderheiten überrepräsentiert waren), zwangsweise zu sterilisieren. Davenports Ansichten fielen auf fruchtbaren Boden, da Amerika zu Beginn des 20. Jahrhunderts tiefgreifende ökonomische Turbulenzen und steigende Immigrantenzahlen erlebte. In überbesiedelten und schnell wachsenden urbanen Räumen herrschten soziale Probleme wie Armut und Kriminalität, und vielen Regierungsbeamten kam es gelegen, Delinquenz und Arbeitslosigkeit als die »angeborenen« Eigenschaften bestimmter Ethnien zu brandmarken, statt das umfassende Problem städtischer Verarmung anzugehen. Davenports eugenische Vorstellungen von »Rassenhygiene« wurden nicht nur in Amerika rezipiert, sie inspirierten auch Nachahmer in Frankreich, England, Schweden und anderen europäischen Ländern, allen voran Deutschland. Letztlich erwies sich die Eugenik jedoch nicht nur als moralisch verwerflich, sondern auch als wissenschaftlich unhaltbar. Wie Drydens Experimente mit Hühnern gezeigt hatten, entstand biologische Überlegenheit aus genetischer Diversität, nicht verbissener Inzucht.

Drydens Buch *Poultry Breeding and Management* (Geflügelzucht und -wirtschaft, 1916) wurde zu einem weitverbreiteten und anerkannten Lehrbuch für ehrgeizige Eierfarmer und war 30 Jahre lang lieferbar. Und auch wenn nur wenige Betriebe an Drydens schwindelerregende 300 Eier jährlich herankamen, war die durchschnittliche Zahl pro Huhn und Jahr bis 1930 auf respektable 180 Stück angestiegen.[25] Durch diese Erhöhung hatte Dryden eine der Hürden für die kommerzielle Eierproduktion beseitigt. Allerdings gab es noch jede Menge weitere zu überwinden.

Die Landwirte stellten fest, dass sich die Eierproduktion trotz gelungener Kreuzungen in den Wintermonaten verlangsamte. Sie reagierten darauf, indem sie die Hühner bei künstlichem Licht in Ställe sperrten, was ein anderes Problem verursachte: einen tödlichen Vitamin-D-Mangel. Wie Menschen bilden Hühner Vitamin D mithilfe des Sonnenlichts in ihrem Körper und werden bei einem Mangel schnell sehr krank. In der Tat beklagte erst 1916 ein Wissenschaftler, dass Küken als Versuchstiere mehr oder weniger unbrauchbar seien, da sie »unter Laborbedingungen viele Krankheiten und eine hohe Sterblichkeit aufweisen«.[26] Landwirte, die ihre Hühner längere Zeit im Stall hielten, mussten feststellen, dass dies zu Schwäche in den Beinen, schlechtem Gefieder und Knochenproblemen führte. Hennen, die kein Tageslicht bekamen, legten weniger Eier mit dünneren Schalen, und bei den befruchteten Eiern war die Rate von Exemplaren höher, aus denen keine Küken schlüpften.

Zu jener Zeit war Rachitis in den westlichen Industrieländern eine verbreitete, aber kaum verstandene Krankheit. Sie war zwar seit ihrer Beschreibung durch den englischen Arzt Daniel Whistler 1645 bekannt und hatte in den Städten des 19. Jahrhunderts aufgrund schlechter Ernährungsbedingungen, des von der Luftverschmutzung verdunkeltem Himmels und der düsteren Fabriken gewütet. Und bereits seit der römischen Antike hatte man als Medikament dagegen immer wieder Lebertran verordnet, ohne dessen Eigenschaften zu kennen. Erst als die Ernährungswissenschaft ihn analysierte, wurde sein Potenzial erkannt.

1919 führte der britische Biochemiker Edward Mellanby ein Experiment mit Welpen durch, die er mit fettarmer Milch und Brot fütterte, um Rachitis hervorzurufen. Die jungen Hunde, denen man die Hausmittel Hefe oder Orangensaft verabreichte, erkrankten trotzdem, während die Krankheit bei der Gabe von Lebertran nicht auftrat – irgendein Wirkstoff darin sorgte für den gewünschten Effekt. Im selben Jahr bewies eine Biochemikerin mit dem passenden Namen Harriette Chick, dass Lebertran und UV-Strahlen Rachitis sowohl heilen als auch vorbeugen konnte. Mellanby und Chick folgerten zusammen mit anderen Forschenden, dass Rachitis vermutlich durch den Mangel eines wesentlichen Nährstoffs ausgelöst wurde. Auf diesen Erkenntnissen aufbauend, versuchte der amerikanische Biochemiker Elmer McCollum in den frühen 1920er-Jahren herauszufinden, ob es sich bei dem Zaubermittel in Lebertran um Vitamin A oder eine andere, noch unbekannte Substanz handelte. Was er entdeckte, nannte er Vitamin D.

Die Fachleute für Tierernährung zählten zwei und zwei zusammen und begriffen, dass die Stallhühner an einer Geflügelvariante von Rachitis litten. Bereits Mitte der 1920er-Jahre bewerteten Studien das Vitamin aus dem Lebertran als essenziell, um die Beeinträchtigungen von Hühnern in nicht artgerechter Stallhaltung zu vermeiden. Es war deutlich geworden, dass Hühner im Vergleich zu anderen untersuchten Tieren (wie Ratten, Rindern und Schweinen) auf Vitamin-D-Mangel besonders empfindlich reagierten. Landwirte, die ihre Tiere in Ställen halten wollten, mussten ihnen also entweder Lebertran verabreichen oder sie mit künstlichem UV-Licht bestrahlen. Nur wenn man eines oder beide Mittel einsetzte, war eine Eierproduktion im großen Maßstab in Ställen möglich. Die Frage, ob es Hennen guttut, wenn sie in ihrem ganzen Leben niemals den Himmel sehen, wurde erst später aufgeworfen.

Die Einführung der Stallhaltung brachte recht bizarre Erfindungen hervor, etwa Hühnerbrillen. Hühner, die in einer für sie unnatürlichen Enge gehalten werden, neigen zu Aggressivität. Während sanftes gegenseitiges Picken ins Gefieder zur normalen Körperpflege und zum Sozialverhalten gehört, lenken gestresste, gelangweilte Hühner in überfüllten Ställen die Energie, die sie normalerweise zur Futtersuche aufwenden würden, häufig um, indem sie nach ihren Artgenossinnen hacken, manchmal kommt es sogar zu Kannibalismus. Der Anblick einer blutenden Wunde kann eine weitere Henne dann dazu verleiten, ebenfalls hineinzupicken, oft aus schlichter Neugier. In vielen Ländern werden Legehennen deshalb die Schnäbel gestutzt, eine in den 1930er-Jahren entwickelte umstrittene Praxis, bei der den einen Tag alten Küken ein Teil des Schnabels entfernt wird.* Doch in der ersten Hälfte des 20. Jahrhunderts hatten amerikanische Hühnerhalter eine ungewöhnliche Alternative parat.

Hühnerbrillen waren tatsächlich das, was der Name besagt: Die winzigen Brillen passten auf den Schnabel. Die Hersteller glaubten, dass ihre rosafarbenen Gläser die Hühner daran hindern würden, Verletzungen oder Blut an anderen Hennen wahrzunehmen, was das Federpicken reduzieren sollte. Es standen sogar verschiedene Modelle zur Auswahl, von Drahtgestellen à la Harry Potter bis zu roten Zelluloidsonnenbrillen, die auf unterschiedliche Weise an den Hühnern befestigt wurden. Einige Modelle waren komplett undurchsichtig wie Scheuklappen für Pferde, sodass das Huhn nur zur Seite etwas sehen konnte statt vorne. Manche klemmten auf dem Schnabel wie Zwicker, andere wurden mit einem Band oder Draht rund um den Kopf befestigt, es gab aber auch solche, die schmerzhaft mit einem Splint durch die Nasenscheidewand gebohrt wurden.

Dank lustiger Anzeigen von Herstellern wie der National Band & Tag Company – deren »Anti-Pix« angeblich selbst aus den streitlustigsten Vögeln Weicheier machte – verkauften sich die Hühnerbrillen in den gesamten USA wie warme Semmeln. Sie schafften es

* Das Schnabelkürzen ist inzwischen in einigen europäischen Ländern verboten, in den USA dagegen zulässig. An der Schnabelspitze sitzen winzige Mechanorezeptoren, mit denen das Huhn wahrnimmt, was es berührt. Hühner mit gekürzten Schnäbeln zeigen häufig schmerzbedingtes Verhalten, wie den Schnabel unter den Flügel zu stecken, oder sie vermeiden es, zu picken und ihr Gefieder zu pflegen.

sogar über den Teich nach Großbritannien, auch wenn die englischen Landwirte von ihrer Wirkung weniger überzeugt waren. Eine von der British Pathé archivierte Wochenschau aus dem Jahr 1951 belegt, dass das Eintreffen der Brillen bei einem Betrieb in Spalding, Lincolnshire, eine Meldung wert war. Schwarz-Weiß-Aufnahmen zeigen einen alten Geflügelbauern, der eine solche Brille vorsichtig einer seiner Hennen aufsetzt, »die zu viel gackerte und zur Strafe gepickt wurde«. »Glücklicherweise«, so der Sprecher, »entdeckte Bauer Atkinson das einzige Mittel gegen hackende Hennen: rosafarbene Brillen mit Schnabelclip. Mit diesem glamourösen Accessoire zur Linderung ihrer verletzten Gefühle bekommt selbst ein Rhode Island Red eine frischen Blick.«[27]

Während die Hühnerbrillen nicht sonderlich lange verfingen, tat es eine andere Erfindung durchaus. Eine der größten Herausforderungen für die Eierproduzenten war es nämlich, ihre zerbrechliche Ware in den Verkauf zu bringen. Wie schon erwähnt, sind Eier an den Seiten empfindlicher, und der Transport einer gewissen Menge in einem Korb oder lose in einer Kiste endete häufig in einer Katastrophe, insbesondere angesichts des schlechten Zustands, in dem sich Landstraßen nach wie vor bis weit ins 20. Jahrhundert hinein befanden. Wie gerne erzählt wird, wurde der kanadische Zeitungsverleger und Hobbyerfinder Joseph Coyle Zeuge der Auseinandersetzung zwischen einem örtlichen Landwirt und einem Hotelbesitzer, dem er Eier liefern sollte. Der Hotelier war wütend, dass so viele von den bestellten Eiern zerbrochen bei ihm ankamen. Coyle machte sich rasch an die Arbeit und präsentierte 1911 seine neue Idee: eine Pappschachtel mit einzelnen papiergepolsterten Kuhlen, in die man die Eier aufrecht stellen konnte. Was mit einem handgefalteten Prototyp begann, wurde schnell so beliebt, dass Coyle auch noch eine Maschine erfinden musste, die seine »Coyle Egg-Safety Cartons« in großen Mengen produzierte. Da der Eierverzehr in Amerika in den ersten Jahren des 20. Jahrhundert rasant auf mehr als ein Ei pro Person und Tag angestiegen war,* machte nicht nur Coyle allein sich über Eierkartons Gedanken. Nur zwei Jahre später konzipierte der Erfinder Stuart Ellis aus Virginia eine Metallkiste mit Kartonzylindern (wie die Rollen für Toilettenpapier), die die Eier für zum Transport über lange Strecken separierten, während in England Thomas Peter Bethell die *Raylite Egg Box* patentieren ließ, eine Reihe von miteinander verbundenen Kartonstreifen, die die Eier beim Transport voneinander trennten und schützten.

Am Ende konnten weder Coyle noch Bethell oder Ellis mit Francis Sherman aus Massachusetts konkurrieren, der 1931 eine genial einfache Eierschachtel erfand. Er hatte den Geistesblitz, einen Brei aus Zellstofffasern, ein billiges Material, zu verwenden, das sich in endloser Folge zu Schachteln pressen ließ. Der zweite Geniestreich bestand darin, Deckel und Boden am Stück zu produzieren, wobei sich durchs Zusam-

---

* Laut US-Landwirtschaftsministerium erreichte der Eierkonsum 1945 seinen Höhepunkt mit durchschnittlich 404 Eiern pro Person und Jahr. In den 1990er-Jahren waren es dann nur noch knapp halb so viele. (Quelle: *Washington Post*, 28. Februar 2019)

menklappen eine Art Scharnier ergab. Dieses Design ist bis heute mehr oder weniger unverändert geblieben.

Warum aber werden Eier häufig im Sechser- oder Zwölferpack verkauft? Es gibt ein paar durchaus stichhaltige Erklärungen, doch niemand weiß es so genau. Schon seit der Antike hat die Zwölf aufgrund der jährlich zwölf Mondzyklen magische Bedeutung. In Mesopotamien und Ägypten war ein Duodezimalsystem, auch bei Handelsware, weitverbreitet. Menschen haben zwölf Fingerknochen, drei in jedem Finger, sodass man mithilfe der Hand bis zwölf zählen konnte – der Daumen diente dabei als Zeiger. Die Zahl Zwölf könnte auch so beliebt sein, weil sie im Gegensatz zu anderen Zahlen in ihrer Nähe, wie Zehn oder Elf, die kleinste Zahl mit sechs Faktoren (1 – 2 – 3 – 4 – 6 – 12) ist, was das Dividieren sehr einfach macht. In England und seinen Kolonien war darüber hinaus vor dem Dezimalsystem für Geld eine andere Einteilung gebräuchlich: 4 *farthings* = 1 *penny*, 12 *pence* = 1 *shilling*, 240 *pence* = 1 *pound*. Es erleichterte also das Kopfrechnen, wenn man kleinere Waren wie Eier im Dutzend handelte. Auch im deutschsprachigen Raum waren für Eier früher Mengenangaben wie ein Dutzend oder ein Schock (fünf Dutzend) üblich.

7.
Broiler

Das ofenfertige Tier

Das Plymouth Rock

Huhn wird schon seit langer Zeit gegessen. Das berühmteste Kochbuch des alten Roms, *De Re Coquinaria* (Über die Kochkunst) widmet ihm ein ganzes Kapitel mit so beliebten Rezepten wie *Pullum parthicum* (Parthisches Hähnchen), ein mit Pfeffer, Liebstöckel und Wein geschmortes Huhn, sowie *Pullum laseratum*, Hähnchen mit Lasersauce, einem geheimnisvollen Kraut, das heute als ausgestorben gilt.[1] Auch in historischen Rezepten Nordeuropas spielt Huhn eine Rolle: Das *Libellus De Arte Coquinaria*, ein Kochbuch aus dem 13. Jahrhundert, enthält Dutzende Rezepte auf Dänisch, Isländisch und Niederdeutsch. Viele davon kommen einem wohltuend vertraut vor: *Kloten en honœr* zum Beispiel, Bällchen aus Hühnerfleisch, die in Wein, Kräutern und Speckfett gegart werden, fänden auch heute noch in einem skandinavischem Menü ihren Platz.[2]

Aus diesem und anderen Kochbüchern lässt sich schließen, dass Hühnerfleisch eine gebräuchliche Zutat war. Schwieriger zu sagen ist allerdings, wie viele Menschen es regelmäßig aßen. Die in den Rezepten überlieferten Gerichte waren eindeutig für die Wohlhabenden bestimmt, denn darin enthaltene teure Gewürze wie beispielsweise Kreuzkümmel konnte sich das einfache Volk nicht leisten. Auch richteten sich Kochbücher an die wenigen Personen, die lesen konnten und Zugang zu geschriebenen Texten hatten.

Huhn war offenbar prestigeträchtig und luxuriös genug, um im Jahr 1399 beim Krönungsbankett des englischen Königs Heinrich IV. serviert zu werden: Zusammen mit dem Kopf eines Wildschweins, einem jungen Schwan, Reihern, Spanferkeln, Pfauen und Kranichen waren Hühner ein zentraler Bestandteil des verschwenderischen Festmahls.

Im heutigen Großbritannien essen 90 Prozent der Bevölkerung Fleisch und die meisten von ihnen mindestens zweimal pro Woche Huhn.[3] Die Deutschen aßen im Jahr 2021 pro Kopf durchschnittlich 15,6 Kilogramm Hühnerfleisch.[4] Doch seit wann genau ist es ein so weitverbreitetes Nahrungsmittel? Wir wissen zwar, dass bereits die Römer sehr fähige Hühnerhalter waren, doch wie viele der Tiere wegen der Eier gehalten wurden und wie viele zur Fleischerzeugung, ist unklar. Die Archäologie vermutet, dass das Huhn noch sehr lange eine Delikatesse und kein Alltagsessen war und in Form von überflüssigen Hähnen und nicht mehr legefreudigen Hennen vor allem als Nebenprodukt der Eiererzeugung verzehrt wurde. Ganz sicher hatten auch Reiche und Arme sowie Stadt- und Landbevölkerung unterschiedliche Ernährungsgewohnheiten, die weder aus den Schriftzeugnissen noch aus der archäologischen Überlieferung hervorgehen. Was also lässt sich angesichts so vieler Unwägbarkeiten über den früheren Konsum von Hühnerfleisch sagen?

Vor allem waren die meisten Hühner viel kleiner als die, die wir heute im Supermarkt kaufen können. Forschende haben die Länge der Schienbeine von Hühnern aus archäologischen Grabungen verschiedener Epochen in London mit modernen Exemplaren verglichen, da dieser Knochen ein valider Hinweis auf die Gesamtkörpergröße ist. Offenbar blieben die Skelette der Hühner über Hunderte von Jahren etwa gleich groß. Von der römischen Zeit bis ins 14. Jahrhundert waren die Vögel im Durchschnitt nicht größer als ihre wilden Verwandten, die Kammhühner. Vom 14. bis zur Mitte des 19. Jahrhunderts nahm die Schienbeinlänge ganz leicht zu, was auf etwas größere Hühner schließen lässt, doch im Grund wogen die wenigsten bis dahin mehr als ein Kilo, vergleichbar mit Fasanen.

Dagegen waren Hühnerhalter im Fernen Osten bereits seit Jahrtausenden in der Lage, größere Tiere zu züchten. Alte Rassen wie die Malaien oder die indischen Asils mit ihrem langen Hals und der aufrechten Haltung hätten die westlichen Hühner theoretisch überragt, doch wurden sie vor allem für Hahnenkämpfe gehalten, nicht wegen ihres Fleischs. Die besten Kampfhähne brauchten Muskelkraft, kein Fett, sodass diese jahrhundertealten Rassen zwar robust waren, aber zähes Fleisch lieferten. Auch als exotische Kampfhühner wie Queen Victorias Cochin-Chinas erstmals in England auftauchten, erwiesen sie sich als zu streitlustig sowohl für die Eier- als auch für die Fleischerzeugung. Ihre »angeborene Disposition zum Kampf, die bereits ganz früh zutage tritt«, so ein zeitgenössischer Autor, »schreckt die meisten Züchter ab, außer diejenigen, die für den Kampfplatz züchten. Ich hatte häufig ein komplettes Gelege, das noch kaum Federn aufwies, aber bis hin zu den kleinsten Tieren vom Kämpfen schon stockblind war. Die Rivalen sitzen dann missmutig in der Ecke und fangen, kaum dass der Tag anbricht, schon wieder zu streiten an.«[5]

Die ergiebigsten und interessantesten Quellen über den Hühnerkonsum in England stammen aus dem Mittelalter. Die Buchhaltung von Adeligen erfasste sämtliche auf dem Gut gehaltene Arten von Tieren präzise. Verblüffend daran ist, dass die Landwirte offenbar selten mehr als eine Handvoll Hühner haben wollten, denn von Mitte des 13. bis Anfang des 15. Jahrhunderts war nur ein ganz geringer Anteil (zwei Prozent) der Nutztiere Geflügel. Auf den Landgütern wurden etwa fünf bis 15 Hühner gehalten, nur wenige größere Höfe besaßen mehr als 50 und fast ein Fünftel überhaupt keine Hühner.[6] Und während Hühnereier in mittelalterlichen Rezepten sehr häufig auftreten, betrug der Anteil von Huhn am Fleischkonsum wohlhabender Haushalte weniger als zehn Prozent.[7]

Möglicherweise lag das an der außergewöhnlichen Vielfalt des wilden und domestizierten Geflügels, das dem Gutsherren und seiner Familie zur Verfügung stand. *The Forme of Cury**, eine umfangreiche Rezeptsammlung des 14. Jahrhunderts, die von den Köchen Richards II. zusammengestellt worden sein soll, liest sich angesichts der vielen Arten wie ein Handbuch für Vogelliebhaber. Neben Hühnern landeten zum Bei-

* Der Titel *The Forme of Cury* (Methode des Kochens) kommt vom französischen *cuire* (kochen) und hat nichts mit *Curry*-Gerichten zu tun, deren englischer Name sich vom tamilischen *kari* ableitet.

spiel auch Gänse, Tauben, Enten, Fasane, Rebhühner, Wachteln, Schwäne samt ihren Jungen und sogar Brachvögel im Topf.[8] Eine der ältesten Rezeptsammlungen des Mittelalters, *Le Viandier*, enthält Anweisungen zur Zubereitung von Pasteten mit Amseln, Drosseln und Spechten.[9] Bei einer solchen Vogelvielfalt überrascht es vielleicht weniger, dass nicht Huhn das weiße Standardfleisch der Begüterten war.

Es gibt durchaus Schilderungen von Festessen sowie Haushaltsbücher aus dem Mittelalter, in denen Hühnerfleisch erwähnt wird, dann aber in Form von Kapaun. Die Kastration von Hähnen hatte auf dem Gutshof diverse Vorteile. Nicht nur waren Kapaune weniger aggressiv, das heißt, sie existierten friedlich neben Hennen und anderen kastrierten Hähnen. Die Entfernung der Hoden verwandelte sie darüber hinaus in gefügige Fressmaschinen, weswegen sie wegen ihrer Eigenschaft, viel Fleisch anzusetzen, geschätzt wurden. Ein erwachsener Kapaun wog mehr, sein Fleisch war zarter und fetter als das von Hennen oder gleichaltrigen Hähnen. Auch schmeckte sein Fleisch weniger ausgeprägt nach Wild als das von Hähnen, eine Folge seines bewegungsarmen und futterreichen Daseins.

Kapaune hatten noch andere Vorteile: Während man die zarten, aber kleinen Stubenküken spätestens im Sommer verspeiste, wenn sie nur wenige Monate alt waren, brauchte ein Kapaun dagegen neun Monate bis ein Jahr und war gerade im Winter oder Frühjahr reif zum Verzehr, wenn kein anderes frisches, zartes Fleisch zur Verfügung stand. Kapaune kamen auch als Ersatzhennen zum Einsatz, als Kükenmütter und Brutmaschinen. Der Schweizer Naturforscher Konrad Gessner beschrieb im 16. Jahrhundert die ungewöhnliche Art und Weise, wie Bauern ihre Kapaune dazu brachten, ein Gelege zu adoptieren: »[...] indem man ihn mit weingetränktem Brot füttert und so betrunken macht und ihn schnell an einen dunklen Ort bringt. Wenn er wieder zu sich kommt, glaubt er, die Eier seien seine, und brütet sie aus.«[10]

Sie fragen sich zu Recht, wie man wohl einen Hahn kastriert. Das Wort Kapaun kommt vom lateinischen *caponem*, das wiederum die älteren Wurzeln *skep* oder *kep* (schneiden, kratzen*) enthält. Doch wie in Kapitel 1 erläutert, befinden sich die Geschlechtsorgane des Hahns in seinem Körperinneren. Die Kastration oder Kapaunisierung war deshalb eine unschöne und schwierige Prozedur voller Risiken. Man beschnitt die Hähne meist im Alter von etwa fünf Monaten, kurz bevor sie geschlechtsreif wurden. Die Aufgabe übernahmen ausgebildete »Kapaunisierer«, eine heute glücklicherweise überflüssige Berufsbezeichnung.

Wie viele alte landwirtschaftliche Gepflogenheiten hing der Zeitpunkt der Kapaunisierung mit Feiertagen und anderen religiösen Ereignissen zusammen. Die Hähne wurden üblicherweise zwischen dem 15. August (Mariä Himmelfahrt) und 8. September (Mariä Geburt) kastriert. In diesen drei Wochen band man die armen Hähne auf einem Tisch oder Fass fest, um dann ohne Betäubung einen Schnitt zwischen zwei Rippen durchzuführen. Durch die Öffnung ertastete der Kapaunisierer dann einen der beiden Hoden, der

* Auch im deutschen Wort »Schorf« (engl. *scab*) steckt diese Wurzel.

bei jungen Hähnen nicht größer als ein Reiskorn sein konnte, und riss oder schnitt ihn heraus. Der Hahn wurde dann gedreht und die Prozedur auf der anderen Seite wiederholt. Bei einem derart barbarischen und unhygienischen Vorgang verendeten natürlich viele Tiere. Aus einer Aufzeichnung von 1375 aus Sedgeford in Norfolk geht hervor, dass von 82 Hähnen 30 bei der Kastration starben.[11] Diese Rate ist außergewöhnlich hoch und deutet auf einen Dilettanten hin, aber selbst bei erfahrenen Fachleuten starb einer von sieben Hähnen.[12]

Überlebte der Kapaun die Kastration, hatte er ein paar Monate Ruhe, dann stand seine letzte Demütigung an. Das Stopfen ist bei Hühnerhaltern zum Glück inzwischen weitgehend in Vergessenheit geraten, wurde aber noch bis weit ins 20. Jahrhundert hinein verbreitet praktiziert. Die Methode ist sehr alt. Schon Plinius d. Ä. erwähnt sie in seiner Naturgeschichte aus dem 1. Jahrhundert. Seiner Ansicht nach stammte sie von der griechischen Insel Delos, ein wohlhabendes wirtschaftliches und kulturelles Zentrum im 2. und 1. Jahrhundert vor Christus. Die exzessive Grausamkeit des Vorgehens stieß selbst Plinius ab: »Die Bewohner von Delos haben als erste das Mästen der Hühner aufgebracht, woraus die verderbliche Gewohnheit entstand, fette Vögel auch noch mit ihrem eigenen Körperfett bestrichen zu verzehren.«[13]

Sogenannte Stopfer waren mit der Zwangsernährung der Kapaune in den letzten zwei bis drei Wochen vor der Schlachtung betraut. Auch für jene, die ihre Tiere selbst stopfen wollten, hatte man jede Menge guter Tipps parat. Der im 17. Jahrhundert in Frankreich ausgebildete und in England tätige Koch Robert May beschrieb die Technik für seine Kollegen in *The Accomplisht Cook, or the Art and Mystery of Cooking* (Der perfekte Koch oder: Kunst und Geheimnisse des Kochens). Das entsprechende Kapitel trägt den motivierenden Titel »Hervorragende Methoden zur Fütterung von Geflügel«. »Die beste Art, einen Kapaun zu stopfen (abgesehen von seltsamen Erfindungen), besteht in gründlich gesiebtem Gerstenmehl, das man mit frischer Milch zu einem guten festen Teig knetet. Dann formt man ihn zu langen Pfropfen, die in der Mitte am dicksten sein müssen und an den beiden Enden schmal. Dann feuchtet man sie in lauwarmer Milch an und verabreicht den Kapaunen dreimal täglich, morgens, mittags und abends, einen ganzen Schlund voll. So wird er in vierzehn Tagen oder drei Wochen so fett, wie man ihn zum Essen braucht.«[14]

Interessanterweise erwähnt May andere »seltsame Erfindungen«. Eine Wurst aus nassem Teig mit der Hand in den Rachen eines widerstrebenden Vogels zu stopfen, war vermutlich eine gewisse Herausforderung. Insofern überrascht es wenig, dass die Arbeit bald eine Maschine übernahm: Es handelte sich um einen simplen Behälter auf einem Ständer, aus dem mittels Pedal oder Handpumpe eine bestimmte Menge Futter über einen Schlauch durch den Hals des Tiers direkt in seinen Kropf (ein Nahrungsspeicher, dem Vormagen ähnlich) gepresst wurde. Als bediente er eine Teddybären-Füllmaschine, griff sich der Stopfer einen Vogel, schob Schnabel und Hals über den horizontal montierten Schlauch und drückte das Futter in den Vogelkörper. Zwei bis drei Wochen lang jeweils zwei bis dreimal täglich praktiziert, pumpte dies den armen Kapaun auf das Doppelte seines ursprünglichen Gewichts auf.

Angesichts der hohen Todesrate, der zusätzlichen Kosten für Futter und des Aufwands bei Haltung und Kastration der Hähne ist es kein Wunder, dass Kapaune praktisch ausschließlich den Reichen vorbehalten waren. 1213 orderte der englische König Johann Ohneland 3 000 Kapaune, 1 000 Salzaale, 400 Schweine, 100 Pfund Mandeln und 24 Fässer Wein für sein Weihnachtsmahl. Auch Krönungen wurden mit Kapaunen gefeiert, die häufig als porridgeartiges Schmorgericht namens *Dillegrout* zubereitet wurden, das außerdem Mandelmilch und Gewürze enthielt. Erstmals wurde es 1068 zur Krönung von Mathilde von Flandern, der Frau Wilhelms des Eroberers, serviert. Es kam so gut an, dass es 1821 zur Krönung von Georg IV. immer noch zum Menü gehörte.

Bei königlichen Banketten machte jedoch kein Gericht mehr Eindruck als ein *Cokagrys* oder *Cockentrice.** Die Gäste konnten den schauerlichen Anblick eines hybriden Bratens genießen, eine essbare Chimäre aus Kapaun und Spanferkel. Laut einem Rezept aus

* Nicht zu verwechseln mit der halb aus Hahn, halb aus Schlange bestehenden furchterregenden Sagengestalt namens *cockatrice* aus Kapitel 3.

dem späten 15. Jahrhundert bereitete man ihn folgendermaßen zu: »Nimm einen Kapaun, brühe ihn, nimm ihn sauber aus, dann halbiere ihn in der Mitte. Nimm ein Schwein, brühe es, nimm es aus wie den Kapaun und halbiere es ebenso in der Mitte. Nimm Nadel und Faden und nähe die vordere Hälfte des Kapauns an die hintere Hälfte des Schweins, dann füll es, wie man ein Schwein füllt. Steck es auf einen Spieß und röste es: und wenn es gar ist, überzieh es mit Eigelb, Ingwer, Safran und Petersiliensaft. Dann serviere es zu einem königlichen Mahl.«[15] Sollte dieses Gericht keinen Gefallen finden, konnte man immer noch einen »behelmten Hahn« servieren, einen mit militärischen Attributen geschmückten gekochten Kapaun, auf einem Spanferkel drapiert, als würde er damit in die Schlacht reiten.[16]

Auch hundert Jahre später waren Kapaune noch eine Delikatesse, die sich nur wenige leisten konnten. Um in seinem Drama *Wie es euch gefällt* (um 1600) einen Richter mittleren Alters auf dem Höhepunkt seines materiellen Erfolgs zu charakterisieren, spricht die Figur Jacques von dessen »runden Bauche, mit Kapaun gestopft«.[17] Und wie so oft bei Shakespeares bestechenden Formulierungen haben auch hier die Worte eine zweite Ebene, die dem modernen Publikum bisweilen entgeht, der elisabethanischen Volksmenge aber geläufig war.* »Kapaun« war damals eine üble

* Shakespeare verwendete das Wort *capon* auch für Liebesbriefe, eine Bedeutung, die die Fachleute lange rätseln ließ. Es stellte sich dann heraus, dass die Art und Weise, wie Briefe zu Shakespeares Zeiten gefaltet wurden, einen Code

Beschimpfung im Sinne von »unmännlich und geistlos«, »capon justice« (Kapaunenjustiz) waren Richter, die sich mit Geschenken wie teurem Essen, insbesondere Kapaunen, bestechen ließen.[18]

Während Kapaune die Tische der Wohlhabenden zierten, weiß man sehr wenig über die Ernährung der bäuerlichen Bevölkerung des Mittelalters. Es lässt sich aber aus dem Umgang mit anderen Nutztieren wie Schafen ableiten, dass die einfachen Leute nur dann Hühnerfleisch aßen, wenn eine Henne nicht mehr genug Eier legte oder ein Hahn für die Zucht nicht benötigt wurde. Eine gute Lege- oder Bruthenne, ein guter Hahn waren zu wichtig, um sie zu verspeisen. Das ist auch der Grund, warum bäuerliche Rezepte vor dem 20. Jahrhundert sehr langes Kochen in viel Flüssigkeit vorschreiben – die einzige Möglichkeit, zähes älteres Fleisch weich zu bekommen. In Dorothy Hartleys *Food in England*, einer wunderbaren Sammlung historischer Gerichte, finden sich Rezepte wie *Old Fowl for Pot-Roast* (geschmortes altes Geflügel), *Cockaleekie Soup* (Hühnersuppe mit Lauch), die offenbar »mit dem ältesten Hahn« am besten gelang, sowie das eher erschreckend klingende *Very Tough Old Fowl Exploded* (explodiertes sehr zähes altes Geflügel).[19]

Eine der wenigen Möglichkeiten, etwas über die Ernährungsgewohnheiten der Landbevölkerung im Mittelalter herauszufinden, ist die Untersuchung von

transportierte. Der *capon letter* wurde so zusammengelegt, dass er wie ein Huhn zwei Flügel hatte und dem Empfänger/der Empfängerin auf den ersten Blick verriet, dass es sich um eine amouröse und geheime Mitteilung handelte.

Essensresten auf Tonscherben. Aus archäologischen Grabungen wissen wir, dass eines der wichtigsten Küchengeräte ein Schmortopf aus Keramik war, den man in die glühende Asche oder in deren Nähe stellen konnte. Die wenigen Reste von Fett und anderem weisen auf dicke Suppen sowie Milchprodukte als Alltagsessen hin. Getreide aß man in Form von Brot oder lange gekocht in Eintöpfen, die mit kleinen Mengen von Fleisch oder Fleischfett aromatisiert wurden. Gängige Zutaten waren Lauch, Kohl und Kräuter aus eigenem Anbau, außerdem aß man Eier, doch Geflügelfleisch findet sich selten.

Wenn Fleisch verzehrt wurde, schienen Schaf, Schwein, Rind und sogar Pferd[20] häufiger im Topf zu landen als Huhn. Sie wurden immer erst dann verarbeitet, wenn das Tier seiner Hauptaufgabe – Milch, Wolle zu liefern oder den Pflug zu ziehen – nicht mehr nachkam. Ein Auszug aus *Peter der Pflüger*, einer Verserzählung vom Ende des 14. Jahrhunderts, illustriert die kargen Mahlzeiten eines durchschnittlichen Bauern:

> *Ich habe auch nicht einen Pfennig, erwiderte Peter, um Hühnchen, Gänse oder Schweine zu kaufen, nur zwei grüne Käse, etwas Quark und Sahne und einen Haferkuchen und zwei Brote aus Bohnen und Kleie für meine Kinder. Und ich sage, bei meiner Seele, daß ich weder gesalzenen Speck noch Eier habe, – bei Christus nicht – um die Klops zu machen. Aber ich habe Petersilie und Lauch und viele Gemüsepflanzen …*[21]

Bis zum Ende der georgianischen Epoche (etwa 1714 bis 1837) hatte sich wenig geändert. Auch ein Autor des frühen 19. Jahrhunderts mit dem klangvollen Namen Bonington Moubray konstatierte die Zurückhaltung seiner Landsleute hinsichtlich Hühnerhaltung und -verzehr: »In Großbritannien, wo vermutlich mehr Fleisch verzehrt wird als in jedem anderen Teil der Welt, wird Geflügel seit jeher als Luxus betrachtet und daher nicht im gleichen Umfang gehalten wie in Frankreich, Ägypten oder einigen anderen Ländern, wo es mehr als Grundnahrungsmittel gilt und weniger als Schonkost für Kranke oder als Delikatesse.«[22] Auf der anderen Seite des Atlantiks bot sich ein ähnliches Bild: Noch in den 1920er-Jahren sah man in Amerika Huhn als Leckerbissen für Anspruchsvolle. 1928 verbreitete die Republikanische Partei in einer inzwischen berühmten Anzeigenkampagne, nicht die Armen zu vertreten, sondern der Motor für Wohlstand und Chancen zu sein. »Es ist der republikanische Aufschwung, der für sinkende Arbeitszeiten und höhere Einkünfte, für ein Verstummen der Unzufriedenheit und das sprichwörtliche Huhn in jedem Topf sorgte«, verkündete sie.

Der hochinteressante Hühnerverweis geht vermutlich auf eine Erklärung von Henri de Bourbon zurück, der als Heinrich IV. von 1589 bis 1610 Frankreich regierte und versprach: »Wenn Gott mir noch zu leben erlaubt, werde ich dafür sorgen, dass es in meinem Land keinen Bauern gibt, der nicht sein Huhn im Topf hat!«[23] Die Behauptung in der US-amerikanischen Kampagne mehr als 300 Jahre später ist mehr oder weniger identisch mit dem Versprechen des französischen Königs und illustriert den Wert des Vogels: Huhn war ebenso teuer wie Rumpsteak und sogar teurer als Schwein oder Schinken.[24] Die Republikaner wollten also Wähler beeindrucken, auch wenn bezweifelt werden darf, dass sie Hühnerfleisch tatsächlich für jeden Haushalt erschwinglich machten.

Einige Jahre später veröffentlichte das US-Außenhandelsministerium einen Bericht, der die Probleme und Chancen der Hühnerhaltung als Einkommensquelle benannte. Der Autor George Tanner, ein nach Belgien entsandter Diplomat, wies darauf hin, welche exorbitanten Summen insbesondere in Frankreich, aber auch in Holland und Belgien, damit verdient wurden, Eier in großen Mengen nach England zu exportieren. Laut seinem Bericht ging die Kurve nur in eine Richtung: Zwischen 1856 und 1874 hatten sich die Umsätze mit Eiern, die französische Betriebe nach England lieferten, von einer Million Dollar auf 14 Millionen vervielfacht (das entspräche heute ca. 300 Millionen Dollar).

Diese außerordentliche kommerzielle Meisterleistung, deren ungeachtet noch genug Eier für die französische Bevölkerung übrig blieben, war nicht nur aufgrund riesiger, gut organisierter Hühnerfarmen zustande gekommen, sondern auch dank eines Netzes zahlreicher unabhängiger Verkäufer. Häufig waren es Frauen, die auf dem Hof der Familie nebenbei eine Handvoll Eier erzeugten und diese an Zwischenhändler verkauften, die sie wiederum nach England exportierten. Auch wenn der Profit für die Einzelnen gering war, entstand ein riesiges Handelsvolumen. Trotz vieler Widrigkeiten – hohe Pacht, Kosten für Hühnerställe, Futter und Arbeitskräfte, unvermeidliche Einbußen durch Krankheiten sowie die kalten französischen Winter – schien sich das Unternehmen für die Eierproduzenten zu lohnen.

Warum also, so fragte der Autor des Berichts, holte sich Amerika, das Land der unbegrenzten Möglichkeiten, nicht auch ein Stück von diesem Kuchen? »Geflügel gedeiht nirgends so gut wie in den Vereinigten Staaten«, befand Tanner, nicht nur dank des günstigeren Klimas, sondern auch weil alles Nötige viel billiger zu haben war: Bauholz, Getreide, landwirtschaftliche Flächen. Die gleiche Logik, so betonte er, gelte auch für die Haltung von Hühnern zur Fleischerzeugung. »Alle, die das europäische Klima kennen und wissen, wie unvorteilhaft es ist und welche Kosten hier mit der Aufzucht von Geflügel verbunden sind, erkennen sofort den Vorteil, den der amerikanische Geflügelhalter gegenüber dem europäischen hat. Diesen Vorteil hat er in allem, wenn er ihn nur nutzen würde. Die Tiere, die er mit wenig oder keiner Mühe ›aufzieht‹, können zu einer ebenso guten Einkommensquelle für ihn werden wie seine Schweine, sein Weizen oder seine Baumwolle.«[25]

Der Bericht war ein Appell an die Männer Amerikas, sich der Herausforderung der Hühnerhaltung zu stellen, doch tatsächlich war es die Gattin eines bescheidenen Farmers, die man dafür feiern (oder – je nach Perspektive – verdammen) sollte, die Broilerindustrie begründet zu haben, die wir heute kennen. (Der Begriff Broiler wird im Englischen wie im Deutschen für zur Mast bestimmte Hühner benutzt, leitet sich aber vom englischen Verb *to broil* für die Zubereitungsmethode Grillen bzw. Garen mithilfe direkter Hitze ab.) Cecile und David Wilmer Steele waren mittellose Landwirte in einem Kaff auf der Delmarva-Halbinsel in Delaware. David hatte einen Job bei der örtlichen Küstenwache ergattert und die Arbeit auf der Farm seiner Frau überlassen, die die von ihrer kleinen Hühnerschar gelegten Eier verkaufte.

1923 bestellte Cecile zur Auffrischung ihrer Herde 50 befruchtete Eier von der örtlichen Brüterei. Aufgrund eines Schreibfehlers schickte diese 500 Eier. Cecile, konfrontiert mit der zehnfachen Menge, reklamierte den Fehler nicht, sondern baute stattdessen einen großen Stall und beschloss, die Hühner zu mästen und als Fleisch zu verkaufen, da sie es sich nicht leisten konnte, langfristig alle als Legehennen zu behalten. Nach nur 18 Wochen üppiger Fütterung hatten drei Viertel der Hühner überlebt und das damals übliche Schlachtgewicht von zwei Pfund erreicht. Vor allem aber hatte Cecile Wilmer Steele einen schnellen und satten Gewinn erzielt. Im Jahr darauf kaufte sie 1 000 Eier, im folgenden 10 000. Andere Farmer der Umgebung nahmen ihren Erfolg mit Interesse zur Kenntnis und begannen selbst mit der Haltung von Masthühnern. 1928 hielt Cecile Wilmer Steele 26 000 Broiler. Außer ihr hatten weitere 500 Farmer ebenfalls Masthuhnbetriebe gegründet, um eine der größten Städte der Ostküste mit Fleisch zu versorgen.

Es war ein vermeintlich einfaches Geschäftsmodell, mit dem einzelne Farmer überall in den USA bereits in den 1880er-Jahren experimentiert hatten, jedoch ohne anhaltenden Erfolg. Cecile Wilmer Steeles Unternehmen wiederum bekam sowohl durch regionale als auch nationale Faktoren Aufwind. Die Roaring Twenties waren in den USA eine Zeit exorbitanten Wirtschaftswachstums. In diesem Jahrzehnt verdoppelte sich der Wohlstand des Landes insgesamt, das durchschnittliche Pro-Kopf-Einkommen nahm immerhin um mehr als ein Viertel zu. Der Handel profitierte von der beflügelnden Kombination aus Rohstoffen im Überfluss, insbesondere Kohle, Eisen und Öl, neuen Technologien bei der Massenproduktion sowie Schutzzöllen, die die ausländische Konkurrenz fernhielten. Viele Familien, die in Städten lebten, stellten plötzlich fest, dass sie sich ein wenig mehr Luxus beim Essen leisten konnten, und dazu gehörte auch hin und wieder ein Huhn. Zugleich erlebten traditionelle Sektoren der amerikanischen Landwirtschaft dramatische Einbrüche. Die Mechanisierung bei der Erzeugung von Nutzpflanzen und die Überproduktion ließen die Getreidepreise in den Keller rauschen. Der Großhandelspreis für Weizen fiel von einem Höchststand 1920 bei 2,45 Dollar pro Bushel* auf 49 Cent im Jahr 1932.[26] Für Landwirte, die auf Masthühner umsteigen wollten, war Futtergetreide plötzlich erschwinglicher denn je.

* Ein im Getreidehandel in den USA bis heute genutztes Raummaß (1 bu = 35,2391 l).

Wie schon dargelegt, war das Problem des künstlichen Massenausbrütens von Eiern zu Beginn des 20. Jahrhunderts gelöst – ein entscheidender Faktor, da so die zeitraubende Tätigkeit der Nachzucht an Brutbetriebe delegiert werden konnte. Geflügelhalterinnen wie Cecile Wilmer Steele brauchten keine eigenen Bruthennen mehr, sondern konnten sich große Mengen befruchteter Eier oder geschlüpfter Küken direkt vor die Haustür liefern lassen. Zugleich befeuerten die Fortschritte bei Transport und Kühlung, der Aufstieg großer Lebensmittelketten und unkomplizierte Kredite, die Brütereien und Futtermittelhandel den Masthühnerfarmen gewährten, das Geschäft. Doch machte den Eierfarmern auf der Delmarva-Halbinsel Mitte der 1920er-Jahre ein Ausbruch der Marek-Krankheit (Geflügellähmung) zu schaffen, der viele Tiere zum Opfer fielen. Sie hielten die Rasse White Leghorn, die ganzjährig legte, aber auch besonders anfällig für die Marek-Krankheit war, allerdings erst ab einem Alter von drei Monaten. Bis dahin konnten die Tiere stattdessen gemästet und als Fleisch verkauft werden – eine Alternative für die verzweifelten Eierproduzenten.

Von der an der amerikanischen Ostküste gelegenen Delmarva-Halbinsel ließen sich die Hühner auch sehr günstig in einige der größten Städte der USA – New York, Washington D.C., und Philadelphia – liefern. Insbesondere New York war ein idealer Absatzmarkt für Hühnerfleisch, denn zu Beginn des 20. Jahrhunderts war es zur größten jüdischen Stadt der Welt geworden: 75 Prozent aller in die USA immigrierten Jüdinnen und Juden der ersten und zweiten Generation lebten dort. Da sie kein Schweinefleisch aßen, waren es die zwei Millionen jüdischen Familien, die in den 1920er-Jahren vier Fünftel der Hühner in New York kauften. Huhn war nicht nur koscher, sondern auch mehr als doppelt so teuer wie anderes Fleisch und insofern festlich genug für den Sabbat oder andere jüdische Feiertage. Landwirtinnen wie Cecile Wilmer Steele schickten ihre Hühner lebend nach New York, wo Zwischenhändler sie an jüdische Metzger weiterverkauften. Nach über einem Jahrzehnt öffneten dann in den späten 1930er-Jahren die ersten Fleisch verarbeitenden Betriebe auf der Delmarva-Halbinsel, die die Hühner schlachteten und gekühlt in die Städte schickten, wo es immer mehr nichtjüdische Kundschaft sowie eine jüdische Community der zweiten Generation gab, die es mit den strengen Speisegesetzen nicht mehr ganz so genau nahm.

Zu Beginn des Zweiten Weltkriegs wurde in den USA zwar mehr Huhn gegessen als je zuvor, aber ein Alltagsessen war es noch immer nicht. Da jedoch während des Kriegs rotes Fleisch rationiert wurde, Hühnerfleisch aber nach wie vor erhältlich war, stieg die Nachfrage nach Masthühnern weiter. 1939 stellte die Zeitschrift *American Poultry* Fachleuten die Frage: »Welche Auswirkungen hat der Krieg auf die US-Geflügelwirtschaft?« Eine Antwort lautete: »Hühner sind keine Kriegswaren – bei der Armee isst man kein Huhn«,[27] doch bereits ein Jahr später wurden im Rahmen der Kriegsanstrengungen Masthähnchen – insbesondere die aus der Delmarva-Region – für die Verpflegung der Soldaten beschlagnahmt, was die Produktionsbetriebe zusätzlich unter Druck setzte. Nach wie vor war die Masthühnerhaltung sehr arbeitsintensiv, die tägliche Versorgung der Tiere – die Unterbringung, die Hitze der Kohleöfen, die Bereitstellung großer Mengen an Futter und Wasser – war körperlich anstrengend. Sogar durch ihrem Tod machten die Hühner noch jede Menge Arbeit, und die Schlachtung, Verarbeitung und der Transport waren eigentlich Aufgabe junger, kräftiger männlicher Arbeitskräfte. Die waren nun überwiegend als Soldaten im Auslandseinsatz. Und so begann ein besonderes und wenig bekanntes Kapitel in der Geschichte der Geflügelindustrie: der Einsatz deutscher Kriegsgefangener, um die Versorgung der US-Armee mit Hühnerfleisch sicherzustellen.

Nach drei Jahren Krieg ging England der Platz aus, um die Tausenden von Kriegsgefangenen unterzubringen, weswegen es sich Hilfe suchend an Amerika wandte. Von 1942 bis zum Kriegsende wurden mehr als 400 000 feindliche Soldaten in die Vereinigten Staaten gebracht und dort im ganzen Land auf Lager im ländlichen Raum verteilt. Die Masthühnerzucht auf der Delmarva-Halbinsel litt unter akutem Arbeitskräftemangel, nicht nur weil die Männer im Ausland im Krieg waren, sondern auch, weil weibliche Arbeitskräfte von den Geflügelbetrieben in die Konservenindustrie abgewandert waren, wo höhere Löhne gezahlt wurden. So schlossen sich die Eigentümer von sechs Geflügel verarbeitenden Betrieben zusammen, um ein Kriegsgefangenenlager zu bauen. Im Sommer 1944 begannen die ersten 300 deutschen Soldaten ihre Arbeit. Am Ende des Kriegs waren es bereits 3 000 Gefangene, die Brütereien, Geflügelfarmen, Verarbeitungsbetriebe und Futtermühlen auf der Halbinsel am Laufen hielten, und zwar vor allem, um die Nachfrage der US-Armee zu befriedigen.[28]

Zwar hatte sich bis 1945 die Einstellung zu Hühnerfleisch fundamental gewandelt, doch die Industrie musste ihre Produktionskosten senken und ihre Effizienz steigern, sollte weißes Fleisch zu einem erschwinglichen Alltagsprodukt werden. Auch wenn in den Fabriken bereits fließbandähnliche Produktionsprozesse und Maschinen zum Einsatz kamen, die menschliche Arbeitskraft einsparten, wurden die Erträge immer noch dadurch begrenzt, dass ein Durchschnittshuhn weniger wog als eine Tüte Zucker. Der Schlüssel zu einer wirklich profitablen Masthühnerindustrie lag in der Kreation eines »Megavogels«. Dazu brauchten die Halter zweierlei: erstens eine Rasse oder Kreuzung, die von Natur aus bereits größer und fleischiger war als ihre Verwandten. Zweitens sollte sie mit möglichst wenig Futter großzuziehen sein – und wenn das auch noch schnell ging, umso besser.

Wie gesagt war die durchschnittliche Größe eines Huhns von der Antike über das Mittelalter bis ins 19. Jahrhundert praktisch unverändert geblieben; es wog kaum mehr als ein Kilo.[29] Wenn man einen Kapaun in den letzten Wochen seines trostlosen Lebens noch stopfte, wurde er fetter, was aber nichts an der grundsätzlichen genetischen Disposition einer Hühnerrasse änderte. Zwar waren während der Hühnermanie Mitte des 19. Jahrhunderts eine Reihe sehr großer Hühner nach Großbritannien und in die USA eingeführt worden, allerdings waren sie nicht sonderlich schmackhaft und eigneten sich nicht zur industriellen Haltung. Die Malaien, die Queen Victoria einst geschenkt bekommen hatte, waren zu streitlustig, um in großen Gruppen gehalten zu werden, und gediehen nur in heißem Klima, während die flauschigen, teddybärigen Cochins und Brahmas einerseits fügsam und robust waren, andererseits aber schlecht legten (weswegen sie sich schwer in großer Zahl ausbrüten ließen). Sie wuchsen nur langsam und hatten eher grobes, dunkles Fleisch, das nicht nach jedermanns Geschmack war.

Dann jedoch schrieb die Great Atlantic & Pacific Tea Company zusammen mit dem US-Landwirtschaftsministerium einen Wettbewerb aus, um die beste Hühnerrasse für die Fleischproduktion zu finden. Durchaus ambitioniert mit »Das Huhn von morgen« betitelt, ging es um nichts weniger als den Heiligen Gral der Geflügelwirtschaft: »Ein Vogel mit breiter Brust, größeren Unter- und stämmigeren Oberschenkeln und viel weißem Fleisch«.[30]

In einem Schönheitswettbewerb mussten sich die Bewerber einer Reihe regionaler und bundesstaatlicher Ausscheidungen stellen, die in einem nationalen Finale gipfelten. Tausende Dollar winkten den Siegern in Kategorien wie »beste Hauttextur« oder »gleichmäßige Größe«. Halter und Züchter aus dem ganzen Land waren eingeladen, befruchtete Eier an spezielle Brütereien zu schicken, wo sie unter streng kontrollierten Bedingungen für den Wettbewerb ausgebrütet wurden. Die Küken wurden dann unter einheitlichen Voraussetzungen aufgezogen, ihre Fressgewohnheiten und Gewichtszunahme sorgfältig dokumentiert. Man suchte nicht einfach nach dem fettesten Vogel, sondern dem besten Futterverwerter, also dem Tier, das das Futter am effizientesten in Fleisch verwandelte.

Nach zwölf Wochen wurden die Hühner lebend gewogen, geschlachtet und nach Kriterien wie Aussehen, Verhältnis von weißem zu dunklem Fleisch und anderen verwertungsbezogenen Qualitäten bewertet. Aus den 40 Finalisten ging in der Kategorie »Eigenschaften des Schlachtkörpers« das fleischige, weiß gefiederte »Arbor Acres« Plymouth Rock von Henry Saglio als Bundessieger hervor. Saglio war ein Hühnerfarmer aus Connecticut, der sich auf weiße Hühner spezialisiert hatte. Er hatte bemerkt, dass vereinzelte schwarze Federn, die nach dem Rupfen noch übrig blieben, mehr auffielen als helle. Gewinner in der Kategorie »Wirtschaftlichkeit der Produktion« waren die Brüder Charles und Kenneth Vantress, Eigentümer der Vantress-Brüterei. Sie hatten zwei Hühnertypen gekreuzt: ein männliches Cornish-Kampfhuhn, ein kleiner stämmiger Hahn mit breiter Brust, der aber zu langsam wuchs, um für die kommerzielle Fleischproduktion infrage zu kommen, mit einer New Hampshire Red, einer gutmütigen, gefräßigen Henne, die früh reifte und leicht Fleisch ansetzte. Das Ergebnis Cornish Cross schlug die Konkurrenz in den Bereichen Futtereffizienz und Gewicht.

Diese beiden Kreuzungen – das Cornish Cross und das White Plymouth Rock – bildeten die Basis der modernen Masthühnerindustrie. Der US-Wettbewerb hatte die ideale Kombination hervorgebracht, und alle modernen Masthühner gehen auf eine oder beide dieser Kreuzungen zurück. Seit den 1950er-Jahren wurden diese Züchtungen durch ausgefeilte, intensive genetische Selektion so verfeinert, dass ein Masthuhn heute nur noch wenig Ähnlichkeit mit seinen preisgekrönten Vorfahren aufweist. In den 1920er-Jahren brauchte ein Farmer noch 100 Tage und kostspielige fünf Kilogramm Getreide, um ein Fleischhuhn zu produzieren, das bei der Schlachtung etwas über ein Kilo wog. Nach dem Wettbewerb »Ein Huhn für morgen« verringerte sich die Zeitspanne bis zur Schlachtreife mit jedem Jahr, während gleichzeitig das Schlachtgewicht und die Futtereffizienz kontinuierlich stiegen. Mitte der 1950er-Jahre erreichte ein Huhn innerhalb von 70 Tagen mit nur vier Kilogramm Futter ein Schlachtgewicht von 1,3 Kilogramm. Mitte der 1970er-Jahre hatte die gleiche Züchtung nach nur 56 Tagen und 2,7 Kilogramm Futteraufnahme bei der Schlachtung ein Rekordgewicht von 1,7 Kilogramm.

Seither hat sich dieser Trend rasch fortgesetzt, und dank Jahrzehnten der Forschung und der Entwicklung schnell wachsender Züchtungen, unterstützt durch energieintensives Futter, zugesetzter Vitamine und dem routinemäßigen Einsatz von Antibiotika und anderen Medikamenten sind Masthühner heute wahre Kolosse im Vergleich zu ihren früheren Erscheinungsformen. Laut US-Hühnerwirtschaftsverband wog ein Tier mit 2,9 Kilogramm 2020 fast dreimal so viel wie zu Beginn des 20. Jahrhunderts, brauchte dafür aber nur 47 Tage und so gut wie kein Futter.[31] In Großbritannien bekommt man mit 2,2 Kilogramm im Durchschnitt etwas kleinere Hühner, die dafür vom Schlüpfen bis auf die Servierplatte nur 35 Tage brauchen.[32] Als »extra-large« verkaufte, ganze vier Kilo schwere Brathühner lassen sich schon kaum mehr schleppen und machen eine Familie mit sechs bis acht Personen satt.

Dass ein Masthuhn ein kurzes Leben hat, ist stark untertrieben: Ein modernes Fleischhuhn lebt etwa sieben Wochen und wird noch als Riesenbaby verspeist. Ein im Freiland gehaltenes normales Huhn kann mindestens zehn Jahre alt werden, und von seinen Vorfahren, den Bankivahühnern, weiß man, dass sie bis zu 30 Jahre alt wurden.

Die hohen Kosten für Forschung und Entwicklung haben dazu geführt, dass die Geflügelindustrie heute von zwei großen Züchtern dominiert wird: Cobb-Vantress und Aviagen. Ganz gleich, wo man auf der Welt heute Huhn kauft, kocht und isst, zeichnet vermutlich eine dieser beiden Firmen für dessen genetische Eigenschaften verantwortlich. Das Verfahren zur Züchtung und Perfektionierung von Fleischhühnern ist derart geheimnisumwittert, dass die Tiere keine Namen von Rassen oder Kreuzungen mehr tragen, sondern Markenbezeichnungen wie Cobb500 oder Ross308, und einen ellenlangen Stammbaum vorweisen können.

Diese Kreuzungen mögen exzellent zum Mästen geeignet sein, doch verlässlich fortpflanzen können sie sich nicht. Paart man sie, entstehen Küken mit allen möglichen Eigenschaften früherer Generationen. Um einheitliche Hühner zu bekommen, greifen die Geflügelzüchter auf einen komplexen Kreuzungsprozess über mehrere Generationen zurück, eine royale Hühnerdynastie, bei der sich alles nur um Abstammung dreht. Die Züchter halten eine kleine Gruppe verschiedener reinrassiger Hühner, aus denen sie die perfekte Kreuzung entwickeln. Aus dieser Elite wird in etwa vier Jahren über die Generationen der Urgroßeltern, Großeltern und Eltern letztlich der Fleischhuhnnachwuchs gezogen. Die Zahl der Individuen wächst pro Generation exponentiell, sodass aus einer Handvoll elitärer Hühner der genetische Code für Milliarden von Hühnern hervorgeht. Deren komplexe Stammbäume sind ein streng gehütetes Betriebsgeheimnis, um zu verhindern, dass die Tiere außerhalb spezialisierter Hochsicherheitslabore nachgezüchtet werden können.

Die Schöpfung eines Fleischhuhns, das immer schneller und mit immer weniger Futter immer größer wird, senkte den Preis für Verbraucherinnen und Verbraucher und ließ es vom Luxusprodukt zum Alltagsessen werden. Die Geflügelhaltung war auch der erste landwirtschaftliche Sektor, der sich zur »Agrarindustrie« entwickelte, in der ein Nahrungsmittelkonzern Betriebsstätten für alle Verarbeitungsstadien des Produkts besitzt. In der Frühzeit der Masthühnerproduktion waren Futtermittelhersteller, Brütereien, Halter und Schlachtbetriebe voneinander unabhängige Unternehmen. Bald nach dem »Das Huhn von morgen«-Wettbewerb begann man die unterschiedlichen Schritte zusammenzulegen, sodass alles in der Hand eines großen Unternehmens lag, wodurch die Produktionskosten sanken. Seit den 1960er-Jahren dokumentiert die britische Regierung den Durchschnittspreis von Hühnerfleisch. Inflationsbereinigt und auf heutige Verhältnisse umgerechnet, zahlte man für ein Brathuhn vor 50 Jahren etwa elf Pfund. Heute verkaufen Supermärkte ein mittelgroßes Exemplar für weniger, als ein Milchkaffee zum Mitnehmen kostet.*

Ein moderner Hühnerfleischproduzent übernimmt, außer der ursprünglichen Zucht des Elternbestands, sämtliche Produktionsschritte. Ein Masthuhn aus Intensivhaltung beginnt sein Leben als Ei aus einem spezialisierten Zuchtbetrieb. Es wird dann in einer Brüterei drei Wochen lang künstlich ausgebrütet. Das einen Tag alte Küken zieht zur Aufzucht in eine Farm um, wo es zusammen mit 30 000 bis 50 000 anderen Tieren in einem klimatisierten Stall gehalten wird. Wenn es etwa sieben Wochen alt ist, hat es das gewünschte Gewicht erreicht und kommt in die Schlachterei. Das Fleisch geht zum Teil in andere Betriebe, um zu unterschiedlichsten Nahrungsmitteln verarbeitet zu werden. Die Nebenprodukte – wie Federn, Blut, Knochen, Haut, Füße und andere unerwünschte Teile – werden entweder verbrannt oder zu manchmal überraschenden Produkten weiterverarbeitet. (Dazu mehr im folgenden Kapitel.)

Hühnerfleisch hat in den letzten Jahren Schwein als weltweit meistkonsumiertes Fleisch abgelöst. 2021 hat

---

* Zum Zeitpunkt der Abfassung dieses Buchs verkaufte Aldi ein mittelgroßes britisches Huhn für 2,75 Pfund. Ein »Caffé Nero Regular Latte« kostete 3,15 Pfund. Zum Zeitpunkt der Übersetzung bot Aldi Nord auf der Website eine Maispoularde (1,4 kg) für 6,99 Euro an. (https://www.aldi-nord.de/sortiment/kuehlung-tiefkuehlung/fleisch/gefluegel/maispoularde-1001870-0-0.article.html, abgerufen am 8.1.2023).

die Weltbevölkerung 130 Millionen Tonnen Huhn verspeist, verglichen mit 112 Millionen Tonnen Schwein und 70 Millionen Tonnen Rind. Um diese Nachfrage zu befriedigen, werden jährlich 66 Milliarden Hühner geschlachtet, und in jedem Augenblick leben 22 Milliarden Hühner – drei pro Person – auf dem Planeten.[33] Die weltweite Hühnerpopulation, des Vogels, dessen Geschichte einst als regional isoliertes, exotisches Kammhuhn begann, ist dreimal so groß wie alle Wildvogelarten zusammen.

Darüber hinaus haben wir ein Wesen geschaffen, das sich so weit von seiner ursprünglichen Erscheinungsform entfernt hat, dass es ohne menschliche und technische Eingriffe nicht überleben kann. Die genetische Selektion, aus der die modernen, schnell und viel Fleisch ansetzenden Tiere hervorgegangen sind, hat ihnen nebenbei auch allerlei Gesundheitsprobleme beschert. Diejenigen Züchtungen, die ihr Futter am effektivsten in Fleisch verwandeln, haben einen langsameren Stoffwechsel und geringeren Sauerstoffumsatz, was sie anfällig für Herzversagen und Aszites macht, eine Krankheit, die zu Wasseransammlung im Bauchraum führt. Laut einem Bericht der Royal Society, die königliche Akademie der Naturwissenschaften, könnte ein modernes Masthuhn über die üblichen fünf Wochen hinaus gar nicht bis zum Erwachsenenalter überleben.[34] Bei den auf schnelles Wachstum von Beinen und Brust gezüchteten Tieren sind im Gegenzug die Organe, darunter Herz und Lunge, geschrumpft, weswegen ihr Organismus nicht normal funktioniert. Ihr aufgepumpter Körper mit der riesigen Brust, den stämmigen Beinen und dem niedrigen Körperschwerpunkt führt außerdem zu Lahmheit und Skelettschwäche, was die Lauffähigkeit des Vogels beeinträchtigt. In einem Experiment ließ man die Masthühner neun statt fünf Wochen leben – mit dem Ergebnis, dass siebenmal mehr Vögel vor dem Schlachtdatum starben.[35]

Moderne Masthühner sind fügsam und extrem gefräßig, die perfekte Kombination für Tiere, die gezielt auf Übergewicht gezüchtet wurden. Will man einzelne Vögel zur Weiterzucht verwenden und lässt sie bis zur Geschlechtsreife (15 bis 18 Wochen) leben, muss man sie auf strenge Diät setzen, damit sie nicht vorzeitig verenden oder zu dick für die Paarung werden. Das macht diese Tiere, so eine Studie, chronisch hungrig, frustriert und gestresst, sodass die Hähne sich gegenüber den Hennen äußerst aggressiv verhalten. In der konventionellen britischen Hühnerhaltung, für die höhere Tierwohlstandards gelten als in vielen anderen Ländern, ist die Bestandsdichte (die pro Quadratmeter gehaltenen Vögel) gesetzlich auf 33 Kilogramm festgelegt, was durchschnittlich etwa 15 Masthühnern entspricht. Zum Vergleich: Auf dem deutschen Infoportal Ökolandbau werden für Aufzucht und Mast von Ökohähnchen als maximales Lebendgewicht pro Quadratmeter Stallfläche 21 Kilogramm angegeben.[36] Angesichts der Standardgröße eines Backofens wird dem toten Huhn folglich dort deutlich mehr Platz eingeräumt als in seinem kurzem Leben.

8.
Pioniere

Das Huhn der Zukunft

Nacktes oder federloses Huhn

Das Hunterian Museum am Royal College für Chirurgie in London ist nichts für Zartbesaitete. Es wirkt eher wie ein albtraumhafter Süßigkeitenladen, denn in den Gläsern, die die Regale füllen, befinden sich keine Bonbons, sondern anatomische Präparate aus dem 18. Jahrhundert. Angelegt hat die Sammlung der ziemlich durchgeknallte, aber brillante Vater der experimentellen Chirurgie, John Hunter. Das absonderlichste unter den abertausend makabren Erinnerungsstücken (darunter eine Reihe von Leistenbrüchen und die linke Gehirnhälfte des Mathematikers Charles Babbage) ist der Kopf eines Hahns, in dessen Kamm ein menschlicher Zahn steckt.

Hunter, der Robert Louis Stevenson zu *Dr. Jekyll und Mr. Hyde* inspiriert haben soll, war fasziniert vom Sezieren und Transplantieren. Wenn er nicht gerade Leichenräubern exorbitante Summen für Leichname bezahlte, führte er Experimente und Autopsien an den Tieren durch, die er in seiner persönlichen Menagerie auf seinem Anwesen in der Nähe Londons hielt. Dort waren sowohl exotische als auch heimische Tiere (von Löwen und Leoparden bis hin zu Schafen, Hunden und Schweinen) häufig noch lebendig seinen bizarren Experimenten ausgeliefert.

Ganz offensichtlich war aus Hühnern besonders viel herauszuholen. Einer seiner ersten Versuche mit dem Federvieh bestand darin, einem Hahn seinen Sporn abzuschneiden und in den Kamm einzupflanzen, wo er erstaunlicherweise an- und weiterwuchs. Hunters Anregung dazu war ein »alter und bekannter« Schwindel in den Monstrositätenkabinetten der Jahrmärkte, wo »Einhornhühner«, die man auf ähnliche Weise fabriziert hatte, gegen Geld zur Schau gestellt wurden. Da ein Hahnenkamm offenbar stark durchblutet ist, eignet er sich für solche Transplantationen ausgezeichnet. Ermutigt von seinem Erfolg entfernte er einem Hahn auch einen Hoden und pflanzte ihn ihm wieder ein, sogar einer Henne transplantierte er einen Hoden.[1] Schwer zu glauben, aber alle wuchsen an.

Auch die Zahnheilkunde nahm Hunter ins Visier, eine im 18. Jahrhundert nicht nur anrüchige, sondern geradezu gefährliche Disziplin, trotz des vielen Geldes, das dort verdient wurde. Hunter war fest davon überzeugt, eine Methode entwickeln zu können, mit der sich gesunde menschliche Zähne in die Münder einer wohlhabenden Kundschaft verpflanzen ließen, doch zuerst musste er beweisen, dass das Prinzip funktionierte. In seinem 1778 veröffentlichten *Treatise on the Natural History and Diseases of the Human Teeth* (Natürliche Geschichte der Zähne und Beschreibung ihrer Krankheiten in zwei Teilen) beschrieb er seine Herangehensweise: »Ich nahm einen gesunden Zahn von einer lebendigen Person. Hierauf machte ich mit einer Lanzette eine ziemlich tiefe Wunde in den dicksten Theil eines Hahnenkamms, und drückte die Wurzel des Zahnes in diese Wunde, in welcher ich solchen dann mit Fäden befestigte, die ich durch andere Theile des Kamms zog. Nach einigen Monaten wurde der Hahn getödtet, und ich spritzte die Gefäße des Kopfes mit einer sehr subtilen Masse aus, worauf ich denn den Kamm eine Zeitlang in eine verdünnte mineralische Säure legte. Da nun der Zahn hierdurch erweichet worden war, so zertheilte ich den Kamm und Zahn zugleich durch einen Schnitt, welcher längst durch den Zahn ging. – Ich fand sodann, daß die Gefäße des Zahns von der eingespritzten Masse sehr gut ausgefüllet waren, und bemerkte auch, daß die äußere Oberfläche des Zahns mit dem Kamm überall durch Gefäße zusammenhieng, so daß er hierinnen eine Ähnlichkeit mit der Art und Weise hatte, auf welche ein Zahn mit dem Zahnfleisch und seiner Zahnhöle vereiniget zu seyn pfleget.« Hinsichtlich der Erfolgschancen war er ehrlich: »Ich muß jedoch hierbey erinnern, daß der hier beschriebene Versuch nicht allemal auf diese Weise gelingt. Denn ob ich gleich denselbigen sehr oft angestellet habe, so hat es mir doch nur einmal auf die beschriebene Art glücken wollen.«[2]

Dennoch wirkte der Chirurg auf die Popularisierung von Zahntransplantationen hin. Einer seiner Nachfolger, Thomas Bell, vermerkte in seinen Kommentaren eines 1839 erschienenen Nachdrucks von Hunters Abhandlung: »Die besagte Operation schätzte er besonders; und offensichtlich wurde sie von ihm selbst oder unter seiner Anleitung sehr häufig durchgeführt.«[3] Arme Spender bekamen ein wenig Geld dafür, dass man ihnen ohne Betäubung einen gesunden Zahn zog, der dann in eine Lücke im Zahnfleisch der zahlungskräftigen Klientel eingepflanzt wurde. Zwar blieben die transplantierten Zähne eine Zeit lang an ihrem Platz, sie wuchsen jedoch selten richtig fest und übertrugen bekanntermaßen Krankheiten. Das häufige Scheitern »brachte die Mehrheit der Nachfolger dazu, die Maßnahme wieder aufzugeben«, und dennoch stellten Hunters Experimente mit Hühnern einen wichtigen Schritt im Verständnis von Blutgefäßen und der Methodik von Transplantationen dar. Bis heute schmückt die Festroben der zahnmedizinischen Fakultät des Royal College of Surgeons ein kunstvoll eingesticktes ungewöhnliches Emblem zur Erinnerung an Hunters exzentrische und doch bahnbrechende Forschungen: ein von einem Zahn gekrönter Hahnenkopf.

Eine Hauptrolle spielte das Huhn auf jeden Fall bei einer der weltgeschichtlich bedeutendsten medizinischen Errungenschaften: der Entwicklung von Impfstoffen. Ziel der meisten Impfungen ist es, das Immunsystem des Körpers dazu zu bringen, Antikörper gegen Krankheitserreger wie Bakterien und Viren zu produzieren. Durch die Verabreichung abgeschwächter oder abgetöteter Pathogene* entwickelt der Körper Widerstandskraft gegen die entsprechende Krankheit, ohne dass gravierende Symptome auftreten. Schon alte Kulturen scheinen das Prinzip in etwa verstanden zu haben, denn in der chinesischen Medizin wurde der getrocknete Schorf von Pockenkranken pulverisiert

* Moderne Impfstoffe verfügen über vielfältige Wirkmechanismen. So enthalten beispielsweise die aktuellen mRNA-Impfstoffe gegen das Coronavirus statt abgeschwächter oder toter Viren einen genetischen Code zum Bau eines Virusbestandteils, den die Zellen im menschlichen Körper selbst herstellen. Dieser regt dann das Immunsystem zu einer gezielten Reaktion an.

und in die Nasen der Gesunden geblasen, die davon nur leicht erkrankten und danach vor weiteren Infektionen geschützt waren. In Afrika, dem Mittleren Osten und Asien rieb man dieses Schorfpulver oder den Eiter einer Pocke in einen Kratzer auf der Haut, eine Methode, von der man in Europa über Mundpropaganda oder Reiseberichte erfuhr.

In England stellte der Landarzt Edward Jenner fest, dass Milchmägde, die sich mit der harmlosen Krankheit Kuhpocken ansteckten, immun zu sein schienen gegen die viel gefährlichere Form von Pocken, an der ein Drittel der Opfer starb, während die Überlebenden häufig erblindeten und entstellende Narben davontrugen. 1796 infizierte Jenner einen Achtjährigen über einen Kratzer mit Kuhpocken* und setzte ihn Monate später Pockenerregern aus – das Kind zeigte nur leichte Symptome. Der Arzt erprobte seine Hypothese anhand von 23 weiteren Versuchspersonen, darunter auch sein eigener Sohn im Säuglingsalter. 1801 veröffentlichte er *On the Origin of the Vaccine Inoculation* (Über den Ursprung der Vaccinia-Impfung), eine Abhandlung, in der er seine Erkenntnisse zusammenfasste und resümierte, dass »die Ausrottung der Pocken, der schrecklichsten Plage der menschlichen Spezies, das Endresultat dieser Methode sein muss«.[4] Das medizinische Establishment übernahm Jenners Erkenntnisse anfangs nur zögernd, doch 1840 verabschiedete die britische Regierung den *Vaccination Act*, ein Gesetz, das der gesamten Bevölkerung eine

* Deshalb steckt in den Fremdwörtern Vakzination/Vakzin für Impfung/Impfstoff das lateinische Wort für Kuh: *vacca*.

kostenlose Pockenimpfung ermöglichte. Ein Nachfolgegesetz von 1853 schrieb die Impfung dann für jedes Neugeborene zwingend vor. Schneller war Bayern, das bereits 1807 die Pockenimpfpflicht einführte.

Zwei Jahrzehnte später schlug sich der französische Mikrobiologe Louis Pasteur dann mit der verbreiteten Geflügelcholera herum. Als großer Bewunderer Jenners war Pasteur überzeugt, dass sich nach dem Prinzip des Pockenimpfstoffs Impfungen für praktisch jede andere Krankheit von Mensch und Tier entwickeln ließen. Er produzierte aus Cholerabakterienkulturen einen Impfstoff für Hühner, stellte jedoch fest, dass viele Tiere kurz nach der Impfung verendeten – der Impfstoff war zu stark. Wenig später gelang ihm eher zufällig der Durchbruch. Er hatte einen Assistenten angewiesen, vor dem Urlaub eine neue Gruppe von Hühnern zu impfen. Der Assistent vergaß dies und impfte die Herde erst einen Monat später, nach seiner Rückkehr, mit dem wochenalten Impfstoff. Diese Hühner erkrankten nur leicht und wurden dann vollständig gesund. Durch eine weitere Dosis Cholerabakterien erkrankte keines von ihnen mehr. Pasteur begriff, dass sich die eine Zeit lang der Luft ausgesetzte und somit geschwächte Bakterienkultur in einen sichereren und wirksameren Impfstoff verwandelt hatte. Dass eine abgeschwächte Krankheitsform Immunität erzeugen konnte, war kein neuer Gedanke, doch es war Pasteur mit seinen unfreiwilligen Versuchshühnern, der diese Theorie unter Laborbedingungen bewies. Im Lauf des nächsten Jahrhunderts entwickelte man immer mehr Lebendimpfstoffe mit abgeschwächten Erregern, unter anderem gegen

Diphterie, Pest, Tuberkulose, Gelbfieber, Masern, Mumps und Röteln – mit denen Millionen von Leben gerettet wurden.

Damit Impfstoffe weltweite Akzeptanz erlangen konnten, musste es erst einmal gelingen, sie kontinuierlich in großen Mengen herzustellen. Im Gegensatz zu Bakterien, die in Laboren auf geeigneten Nährböden wie beispielsweise Agar kultiviert werden können, sind Viren nicht imstande, sich ohne einen Wirt zu vermehren; sie müssen lebende Zellen befallen. Danach kopieren sie sich mithilfe ihres genetischen Codes selbst. Im 19. Jahrhundert nutzte man in der Wissenschaft lebende Tiere (manchmal sogar Menschen*) als Wirte,

* In der Frühphase der Pockenschutzimpfung wurde die Immunität von Mensch zu Mensch weitergegeben. Bei den an Kuhpocken Erkrankten bildeten sich nach etwa einer Woche mit Flüssigkeit gefüllte Pusteln, die ein Arzt aufstach, um das »Serum« zu gewinnen und noch Ungeimpfte über eine Kratzwunde zu infizieren. Da diese Flüssigkeit außerhalb eines Körpers nicht lange wirksam war, erwies es sich als schwierig, den Impfstoff nach Übersee zu transportieren, um die Bevölkerung in den Kolonien zu immunisieren. Zu Beginn des 19. Jahrhunderts verfiel man deshalb auf eine ethisch fragwürdige Lösung. Man holte ungefähr dreijährige Kinder aus Waisenhäusern und brachte sie an Bord der Schiffe, wo sie als »Impfkette« fungierten. Indem man in einem Zehntagesrhythmus die Kinder als Wirte nacheinander mit Kuhpocken infizierte, konnte

um Impfstoffe zu erzeugen. So züchtete man Pocken in der Haut von Kälbern und Tollwut in Kaninchen. Als zu Beginn des 19. Jahrhunderts einige Forschende versuchten, Viren in Gewebefragmenten statt in lebenden Wirten zu kultivieren, stießen sie auf zwei Probleme: Erstens gelang es nicht, Viren in einem künstlichen Milieu zu vermehren, zweitens waren die Gewebeproben schnell kontaminiert. In einer nichtsterilen Umgebung machten Bakterien und andere Verschmutzungen den Erfolg zunichte.

In den 1920er-Jahren forschte ein Trio, der Pathologe Ernest Goodpasture und das Ehepaar Eugene und Alice Woodruff an der Vanderbilt University in Nashville, Tennessee, zu Viren. Goodpasture war im Ersten Weltkrieg Marinearzt gewesen und hatte die verheerende Grippeepidemie 1918 hautnah miterlebt, während der weltweit 500 Millionen Menschen erkrankten und ein Zehntel von ihnen starb. Goodpasture war klar, dass sich eine weitere katastrophale Pandemie nur dann durch Impfung verhindern ließ, wenn es gelang, große Virenmengen in billigen sterilen Kulturen zu züchten statt in tierischen Wirten oder kontaminationsanfälligen Geweben.

Bei Versuchen mit dem Geflügelpockenvirus kam er auf die Idee, befruchtete Hühnereier zu verwenden. Eier sind, wie beschrieben, ganz hervorragende Behältnisse für Embryonen, da sie sämtliche nötigen Nähr-

---

man das Virus monatelang am Leben erhalten, bis das Schiff sein Ziel erreicht hatte. (https://www.spektrum.de/kolumne/kleine-geschichte-der-pocken-oder-wie-22-waisenkinder-die-welt-impften/1727988) stoffe und die für das Wachstum nötigen Bedingungen bereitstellen, und somit perfekte natürlich sterile Gefäße für lebende Organismen. Ernest Goodpasture und Alice und Eugene Woodruff gelang es nach einer Reihe von Fehlversuchen, eine Methode zu entwickeln, ein winziges Loch in die Schale zu schneiden, eine geringe Menge Viren in die Membran zu injizieren und das Loch mit einem mit Vaseline befestigten Stück Glas zu verschließen.[5] Die Eier wurden dann in einem Inkubator gelagert, wodurch sich die Geflügelpockenviren innerhalb weniger Tage in solchem Ausmaß vermehrten, dass sie in verwendbarer und vor allem unbeeinträchtigter Form aus den Eiern gewonnen werden konnten. Beflügelt von ihrem Erfolg wandten sich die Forschenden anderen Viren zu. Neben Herpes gelang es dem Trio auch, das Pockenvirus zu kultivieren, wobei jedes Ei genug Material lieferte, um tausend Kinder zu impfen. Bald eiferten weitere Wissenschaftler ihnen nach und entwickelten mit derselben Technik innerhalb weniger Jahre in großer Menge Vakzine gegen Gelbfieber, Typhus und endlich auch Influenza.[6]

Zu Beginn des Zweiten Weltkriegs sorgte die US-Regierung für die Finanzierung und Auslieferung von Influenzaimpfstoffen, da sie fürchtete, es würde sich eine Pandemie wie 1918 wiederholen. Damals hatte die Spanische Grippe insbesondere das Militär schwer getroffen: Einer Schätzung zufolge war sie für 80 Prozent aller Todesfälle in der US-Armee während des Ersten Weltkriegs verantwortlich[7] und so tödlich, dass der amerikanische Geheimdienst irrtümlicherweise annahm, die Deutschen hätten die Grippewelle absichtlich verursacht. Millionen von Flüchtlingen und Militärbediensteten, zusammengepfercht in Lagern, Schiffen, Lkw und Flugzeugen, wären der perfekte Nährboden für ein vergleichbares Desaster. Dr. Thomas Francis Jr., während des Zweiten Weltkriegs Vorsitzender der Grippekommission, schilderte das Ausmaß der Befürchtungen: »Die entsetzliche Pandemie im Jahr 1918, in den letzten Monaten des zermürbenden Ersten Weltkriegs, mit der massiven Mobilmachung der Streitkräfte sowie den Aufständen in der Zivilbevölkerung, hat beide Katastrophen untrennbar miteinander verknüpft. Es zeigte sich, dass eine aggressive Influenza dem Leben der Menschen gefährlicher werden konnte als selbst ein Krieg [...] der Ausbruch eines neuen Kriegs rief das Gespenst von 1918 unweigerlich in Erinnerung und damit auch die Möglichkeit einer epidemischen Lage, die aus einer schweren Grippewelle eine Katastrophe werden ließ.«[8] Dank der ursprünglichen Entdeckung Ernest Goodpastures und der Weiterentwicklung des Grippeimpfstoffs durch andere Forschende konnten 1945 acht Millionen Truppenangehörige geimpft und die gefürchtete Nachkriegsgrippewelle verhindert werden. Im darauffolgenden Jahr wurde das auf Hühnereiern basierende Vakzin der gesamten Bevölkerung zugänglich gemacht, und bis zu den frühen 1950er-Jahren hatte sich die Zahl der Grippetoten in den USA halbiert.[9]

Zwar wurde der Wissenschaft bald klar, dass jedes Jahr neue Influenzaimpfstoffe entwickelt werden mussten, um gegen die neuen Virenstämme zu schützen, doch es war Goodpastures Forschung, die diese medizingeschichtliche Revolution ermöglicht hatte. Bis heute werden Hühnereier zur Produktion von Vakzinen gegen saisonale und pandemische Grippeviren eingesetzt und retten damit unzählige Leben. Allein in den USA wird jährlich eine halbe Milliarde Eier zur Impfstoffproduktion eingesetzt.[10] In einer interessanten wissenschaftsgeschichtlichen Volte wird inzwischen wieder nach Alternativen zum Ei gesucht. Denn ein immer drängenderes Problem bei eibasierten Vakzinen stellt die Ausbreitung der Vogelgrippe dar. Die benötigten Eier stammen nämlich aus einer Handvoll abgeschotteter Farmen, in denen Spezialhennen Eier besonders hoher Qualität legen. Nachdem die weltweite Hühnerpopulation in den letzten Jahren regelrecht explodiert ist – der Verzehr von Hühnerfleisch hat sich zwischen 1990 und 2007 mehr als verdoppelt[11] – leben wie gesagt nun zu jeder Zeit mehr als 20 Milliarden Hühner auf diesem Planeten.

Laut Weltorganisation für Tiergesundheit ist die Zunahme der Vogelgrippewellen in den letzten Jahren auf Veränderungen landwirtschaftlicher Praktiken wie eine hohe Dichte der Herden und genetische Homogenität, die Intensivierung der Geflügelhaltung sowie den weltweiten Handel mit Lebendgeflügel zurückzuführen.[12] Wie ein aktueller Bericht des US-Rechnungshofs an den Kongress feststellt, reicht ein einziger Fall von Vogelgrippe, um eine riesige Zahl von Tieren zu vernichten, egal ob sie erkrankt sind oder nicht, denn: »Aufgrund der Umgebung, in der Geflügel zu kommerziellen Zwecken gehalten wird, besteht bei nur einem mit der meldepflichtigen Vogelgrippe infizierten Tier das Risiko Hunderttausender angesteckter Tiere, die dann alle gekeult werden müssen.«[13] Hühner, die Eier zur Impfstoffproduktion legen sollen, werden zwar in sogenannten biosicheren Anlagen gehalten, aber eine vollständige Abschottung vor Vogelgrippe ist nicht möglich. Wenn die sehr anfällige Lieferkette für Impfstoffeier durch einen Ausbruch gestört wird, kann der Grippeimpfstoff im gesamten Land knapp werden. Es ist fast schon ein Teufelskreis, dass die Wissenschaft nun dringend einen Impfstoff gegen die Vogelgrippe entwickeln muss, um sicherzustellen, dass auch in Zukunft noch Influenzavakzine für Menschen zur Verfügung stehen.

Zwar suchen inzwischen manche Pharmahersteller nach Alternativen zum Impfstoff, der mithilfe von Eiern produziert wird, dennoch hat die Wissenschaft mit Eiern noch nicht komplett abgeschlossen. Viele Krankheiten beruhen darauf, dass der menschliche Körper auf natürlichem Weg nicht mehr genug von einem Stoff produziert oder nicht in der Form, die benötigt wird, beispielsweise Proteine oder Enzyme. Manche dieser Erkrankungen lassen sich mit Medikamenten in Schach halten, die jedoch häufig extrem teuer oder nicht profitabel herzustellen sind. Forschende haben kürzlich festgestellt, dass genetisch modifizierte Hühner Eier legen können, die die fehlenden Substanzen enthalten.

Bei diesen sogenannten transgenen Hühnern wird im Embryostadium die DNA verändert, damit sie, wenn sie ausgewachsen sind, Eier mit bestimmten Wirkstoffen legen. So haben Forschende am Roslin-Institut in Schottland transgene Hühner gezüchtet, deren Eier im

Eiweißanteil große Mengen eines bestimmten Proteins enthalten, was deutlich billiger ist, als dieses Protein synthetisch im Labor herzustellen.[14] Bisher hat man sich auf zwei Proteine konzentriert, eines mit antiviralen und krebsbekämpfenden Eigenschaften, das andere unterstützt den Heilungsprozess von Gewebe. Vergleichbare Studien berichten von Hühnereiern mit monoklonalen Antikörpern (Moleküle, die im Immunsystem für die Bekämpfung bestimmter Pathogene zuständig sind) sowie mit Enzymen, die gegen die Lysosomale saure Lipase-Defizienz (LAL-D) helfen könnten, eine lebensbedrohliche Stoffwechselerkrankung, bei der im Körper Fette in übermäßiger Menge gespeichert werden.

Der ungewöhnlichste Einsatz genetisch modifizierter Hühnereier findet jedoch nicht auf dem Gebiet der Medizin statt. Forschende an der Charles Sturt University in Australien haben versucht, grün leuchtende Eier zu kreieren. Das mag auf den ersten Blick wie eine alberne Spielerei wirken, soll aber dazu beitragen, eines der gravierendsten ethischen und ökonomischen Probleme der globalen Eierproduktion zu lösen.

Wie geschildert, wurden vor Beginn des 20. Jahrhunderts und vor der Züchtung spezieller Fleisch- und Legerassen die Hähne einer Herde wegen des Fleischs (und der Nachzucht) und die Hennen wegen der Eier gehalten. Nachdem die Geflügelindustrie spezialisierte Hybride für das eine wie das andere entwickelt hatte, waren die Hähne auf den Eierfarmen plötzlich überflüssig.

Die Nahrungsmittelindustrie benötigt einen nie versiegenden Strom neuer Legehennen. Für die Brütereien, die sie damit versorgen, stellt sich eine drängende Frage: Wohin mit den unerwünschten männlichen Küken? Bis vor Kurzem gab es keine kommerziell einsetzbare Methode, das Geschlecht bereits *in ovo*, also im Ei festzustellen. Die Firmen mussten warten, bis die Küken schlüpften, und dann die kleinen Hähne loswerden. Noch immer ist es üblich, die Eintagsküken entweder mit Gas zu töten oder, noch entsetzlicher, lebend zu schreddern. Dazu transportiert ein Fließband die Tiere in einen Hochgeschwindigkeitsfleischwolf. Das Fleisch wird dann zu Dünger oder Nutz- und Haustierfutter verarbeitet. Auf diese Weise sterben schätzungsweise etwa sieben Milliarden männliche Küken jährlich.[15] Als eines der ersten Länder verabschiedete Deutschland 2021 ein Gesetz, das das Töten männlicher Küken verbietet. Seither müssen die Produzenten das Geschlecht vor dem Schlüpfen bestimmen.[16]

Tierschutzgruppen sowie verantwortungsvolle Eierproduzenten und Einzelhändler beschäftigen sich seit einiger Zeit mit Möglichkeiten, das Kükentöten zu beenden. Dazu müssen das Geschlecht der Embryonen sicher bestimmt und die Eier vernichtet werden, bevor sich wenige Tage nach Beginn der Brut das Schmerzempfinden entwickelt. Für die In-ovo-Geschlechtsbestimmung werden unterschiedliche Techniken eingesetzt, unter anderem die Durchleuchtung mit Infrarotlicht (Spektroskopie) oder die Testung der Embryonen mit winzigen Mengen einer als Biomarker bezeichneten Flüssigkeit, die je nach Geschlecht die Farbe wechselt. Die Forschenden der Charles Sturt University haben allerdings ein anderes Verfahren getestet. Sie isolierten das Gen einer Qualle, die unter ultraviolettem Licht grün fluoresziert, und es so in die Geschlechtschromosomen von Hühnern eingebaut, dass nur die Hennen es tragen. Nun hoffen sie, dass in Zukunft die Produzenten ihre Eier nur noch mit einem Laser scannen müssen, um sämtliche Eier, die nicht grün leuchten, aussortieren zu können.[17]

Die Geflügelindustrie bringt außer den bedauernswerten männlichen Küken eine ganze Reihe unerwünschter Nebenprodukte hervor. Insbesondere die bei der Haltung von Masthühnern anfallenden Federn haben sich als problematisch erwiesen. Von den weltweit 10 000 Tonnen *täglich* anfallender Federn[18] wird nur ein Bruchteil unverändert eingesetzt, zum Beispiel für Füllungen minderer Qualität (Gänse- und Entenfedern sind weicher und isolieren besser) oder für das Kunsthandwerk und Dekoartikel. Der überwiegende Rest wird entweder verbrannt, was den globalen CO_2-Ausstoß erhöht, zu minderwertigem Tierfutter* verarbeitet oder auf Deponien entsorgt, wo es Boden und Wasser verunreinigen kann.

Eine eher abstoßende Lösung besteht darin, »nackte«, das heißt federlose Hühner zu züchten. Obwohl ihm der durchschlagende kommerzielle Erfolg bisher

---

* Sogar zu Lebensmitteln für Menschen wurden Federn schon verarbeitet. Ein Absolvent des Londoner Central Saint Martins College of Art and Design entwickelte eine Methode, um Hühnerfedern in eine günstige Proteinquelle zu verwandeln. In seinen Versuchen kreierte Sorawut Kittibanthorn federbasierte Nudeln und Eiweißriegel. Er testete auch unterschiedliche Bindemittel, um seinem Ausgangsprodukt die Farbe und Konsistenz von rotem Fleisch zu verleihen.

verwehrt blieb, ist der praktisch »ofenfertige« Broiler bereits erfunden. Aus ökonomischer Sicht scheint die Herangehensweise sinnvoll: keine Federn, kein Abfall, weniger Kosten. Auch liefern nackte Fleischhühner mehr Ertrag, da keine Energie in das Federwachstum fließt. Sie wurden sogar schon als Lösung für die Intensivhaltung in heißen Ländern propagiert, wo die Tier häufig an Hitzestress leiden und verenden. Das federlose Huhn ist keine künstliche genetische Modifikation, sondern eine von zwei natürlich vorkommenden seltenen Mutationen. Nackthalshühner sind seit Jahrzehnten eine anerkannte Züchtung (erstmals präsentiert 1875 in Wien), die über ein Gen verfügt, das ihr Gefieder, vor allem am Hals und Hinterteil, um 20 bis 40 Prozent reduziert. Die andere Mutation bringt schuppenlose (*scaleless*) Hühner hervor, bemitleidenswerte Geschöpfe, denen sowohl die Federn am gesamten Körper als auch die Fußschuppen und Sporne fehlen.

An der Hebrew University of Jerusalem forscht man zu den praktischen Vorteilen von Nackthalsmasthühnern in heißen Klimata und zur Einschleusung des *Scaleless*-Gens (das vor allem in Legerassen vorkommt) in die Masthuhnzüchtungen, um ein federloses Fleischhuhn zu erhalten, das in heißen Gegenden gut zurechtkommt.[19] Sieht man allerdings vom Profitinteresse einmal ab, ist es schwer, darin etwas anderes als eine verfehlte Lösung für ein schreckliches Problem zu sehen, denn aus Sicht der Kritik sind Hühner ohne Gefieder allen möglichen Parasiten, Insekten, Verletzungen und der Sonneneinstrahlung schutzlos ausgeliefert. Auch die Paarung wird nackten Hühnern erschwert, da der Hahn sich an einer kahlen Henne schwerer mit

Schnabel und Klauen festhalten kann und die Gefahr besteht, dass er sie im Eifer des Gefechts verletzt. Das Paarungsritual des Hahns, das gewöhnlich mit eindrucksvollem Flügelschlag und Aufplustern einhergeht, ist ohne Federn sinnlos. Es spricht Bände über unsere inzwischen völlig pervertierte Form der Nahrungsmittelproduktion. Wir arbeiten lieber daran, das ursprüngliche Äußere des Huhns als die Bedingungen einer ganz und gar nicht artgerechten Haltung zu verändern.

Federn bestehen zu 90 Prozent aus Keratin, dem entscheidenden Protein, das Nägeln, Hörnern, Hufen, Klauen, Haaren und Schuppen ihre Festigkeit verleiht. Keratinfasern sind hohl, weswegen Federn so schön leicht sind und ausgezeichnet isolieren. Federn brennen auch nicht so leicht wie viele synthetische Stoffe. Deshalb arbeiten Wissenschaftler und Ingenieurinnen in vielen Ländern daran, deren natürliche Eigenschaften zu nutzen und sinnhafte, natürlich abbaubare Produkte aus dem Jahr für Jahr anfallenden Federberg zu entwickeln. Darunter sind Dämmstoffe für Gebäude, Biokunststoffe, Verpackungen und schwer entflammbare Beschichtungen. US-amerikanische Forschende haben herausgefunden, dass man Kunststoffen für Autoteile, zum Beispiel Armaturenbrettern, die Fasern (hauptsächlich in pulverisierter Form) zusetzen kann, um deren Stabilität zu erhöhen und zugleich das Gesamtgewicht zu reduzieren. Fasern aus Hühnerfedern wandern auch in Papier, Kosmetika, Windeln, Schuhsohlen, Leiterplatten und Blumentöpfe[20] und werden sogar als Material für Flug- und Raumfahrzeuge getestet.

Die Luft- und Raumfahrt ist allerdings nicht allein an Hühnerfedern interessiert. Viele haben sicher schon einmal von Laika gehört, die die Sowjets als ersten Hund in den Weltraum schossen, oder von Ham, dem ersten Schimpansen-Astronauten – nur zwei der vielen Tiere, die ungefragt in die ehrgeizigen Weltraumexpeditionen des Menschen involviert waren. Ich möchte auch auf Kentucky verweisen, ein Huhn, das seine Kindheit damit verbrachte, achtzigmal die Erde zu umkreisen. Die Geschichte begann im Jahr 1979, als die Sowjetunion japanische Wachteleier in den Weltraum schickte, um herauszufinden, wie sich die fehlende Schwerkraft auf die Embryonen auswirken würde. Wenn Vögel auch im Weltraum schlüpften, so die Überlegung der Forschenden, könnte man sie in der Zukunft als Nahrungsquelle für Astronauten einsetzen. Das Experiment glückte nicht auf Anhieb, doch 1990 schlüpfte schließlich ein Wachtelküken auf der russischen Raumstation Mir – das erste im Weltraum geborene Wirbeltier. Es sollten noch weitere Wachteln folgen, aber offenbar kamen sie mit der Schwerelosigkeit nicht zurecht. Bei den Wachtelhennen setzte der Eisprung aus, und keines der beiden Geschlechter zeigte ohne die erdende Wirkung der Schwerkraft irgendein Interesse an der Paarung. Die Idee, im Weltraum Geflügel als Nahrungsmittel zu züchten, schien wenig Erfolg versprechend.

Parallel dazu hatten sich bei der NASA Forschende Hühnereier vorgeknöpft. John Vellinger, Schüler an einer Highschool, hatte die Idee aufgebracht, befruchtete Eier in einem Brutapparat mit in den Weltraum zu nehmen, um die Auswirkungen der Schwerelosigkeit auf die Entwicklung der Küken zu untersuchen. Auf der Erde sorgt die Schwerkraft dafür, dass der Dotter Richtung Schale gedrückt wird, weswegen sowohl eine traditionelle Henne als auch industrielle Eierproduzenten die bebrüteten Eier regelmäßig drehen müssen, um zu verhindern, dass die Küken an der Schale kleben bleiben. Als Sponsor des Projekts gewannen die NASA und John Vellinger die Fast-Food-Kette Kentucky Fried Chicken, die ihren Namen gerne mit dem aufsehenerregenden Experiment verknüpft sah. Der erste Versuch endete in einer Katastrophe: Die unglückselige Raumfähre Challenger explodierte nur wenige Minuten nach dem Start. Drei Jahre später wurden die NASA und Vellinger wieder aktiv: In der Raumfähre Discovery schickten sie 32 befruchtete Eier ins All – das Projekt trug den Spitznamen »Chicks in Space«. Die Hälfte der Eier war neun Tage, die andere Hälfte zwei Tage vor dem Start befruchtet worden, um herauszufinden, ob das Entwicklungsstadium der Embryonen einen Einfluss auf ihre Überlebenschancen in einer Phase der Schwerelosigkeit haben würde. Die Eier machten sich auf eine fünf Tage dauernde und über drei Millionen Kilometer lange Reise rund um den Erdball, bevor sie wieder festen Boden erreichten. Keine Woche nach der Landung der Discovery schlüpfte das erste »Space Chick« auf dem KFC-Firmensitz in Louisville. Der wenig einfallsreich auf den Namen Kentucky getaufte Hahn und sieben weitere Küken der älteren Gruppe überlebten, während keines der nur zwei Tage vor dem Start befruchteten Eier sich normal entwickelte. Der Versuch lieferte mehr Fragen als Antworten. Die Schwerkraft spielte ganz offenkundig eine entscheidende Rolle bei der gesunden Entwicklung von Küken im Ei, doch waren einige der älteren Embryonen ganz gut mit einer kurzen Zeitspanne der Schwerelosigkeit zurechtgekommen. Eine Hühnerhaltung auf Raumstationen war damit definitiv nicht in Reichweite.

Doch damit ist die Geschichte noch nicht zu Ende. Während lebende Hühner sich bisher noch nicht in die Wolken erheben konnten, griff Kentucky Fried Chicken 2017 in einer Mission von atemberaubender Blödsinnigkeit erneut nach den Sternen. In Zusammenarbeit mit World View Enterprises, einem privaten Raumforschungsunternehmen, startete KFC seine »Zinger 1 Space Mission« mit dem hochfliegenden Ehrgeiz, »die neuen knusprig-scharfen Zinger Burger von KFC in ganz neue Höhen zu katapultieren«. Das mit panierter Hähnchenbrust, Salatblättern und Mayo belegte Brötchen wurde in einem weltraumsicheren KFC-Eimer (der markentypischen Verpackung) mit einem heliumgefüllten Ballon in die Stratosphäre transportiert, wo Zinger 1 lautlos am Rand des Weltraums schweben, mit einem Roboterarm ein Selfie machen, einen KFC-Gutschein abwerfen, eine KFC-Fahne schwenken und natürlich twittern sollte. Was ziemlich hirnverbrannt klingt, war eigentlich als Werbung für die Höhenballontechnologie gedacht, die monatelange Aufenthalte in der Stratosphäre zu Kommunikationszwecken und für den Weltraumtourismus ermöglichen sollte. Der Burger beendete seinen Jungfernflug aufgrund eines kleinen Lecks im Ballon letztlich nach 17 Stunden statt der geplanten vier Tage. Über die Unsummen, die es verschlang, ein Stück totes Huhn in die unendlichen Weiten des Alls zu schicken, kann nur spekuliert werden, doch an sich ist außerirdisches Product-Placement keine ganz neue Idee. Schon 1996 bezahlte Pepsi russische Kosmonauten dafür, während eines Raumspaziergangs rund um die ehemalige Mir-Station eine gut 1,20 Meter hohe Attrappe einer Getränkedose in die Kamera zu halten. 2001 lieferte Pizza Hut eine 15 Zentimeter große Salamipizza zur Internationalen Raumstation.

Wenn wir mal in der Luft bleiben: Hühner waren auch an vorderster Front an der wissenschaftlichen Erforschung von Tornados beteiligt. Während des ganzen 19. Jahrhunderts bemühte sich die amerikanische Meteorologie herauszufinden, was genau in Wirbelstürmen vorgeht, die die USA und Kanada häufiger heimsuchen als jedes andere Land der Welt. Die Zugrichtung und Muster von Tornados zu durchschauen, ist bis heute schwierig. Neben den offensichtlichen Fragen, unter welchen Bedingungen Tornados entstehen und was in ihrem Auge passiert, weckte ein eher ungewöhnliches Randphänomen das Interesse eines Wissenschaftlers. Zahlreiche Zeitungsartikel aus der Zeit berichten von Hühnern, die nach dem Vorüberziehen eines Tornados komplett nackt waren. Den Grund dafür wollte der von Wetterkunde begeisterte Mathematiker Elias Loomis herausfinden. Er stellte fest, dass ein ohrenbetäubendes Brüllen zu hören war und »einige Hühner danach praktisch keine Feder mehr am Leib hatten, als hätte man sie sorgfältig von Hand gerupft«.[21] Der

Wissenschaftler nahm das Phänomen in die Liste der elf Kriterien auf, die einen Tornado kennzeichnen.

Die bei lebendigem Leibe gerupften Vögel warfen aus Loomis' Sicht einige interessante Fragen auf: Wenn es an der Windgeschwindigkeit lag, könnte man diese reproduzieren und messen, um festzustellen, wie hoch sie in Tornados war? Um seine These zu überprüfen, lud Loomis ein totes Huhn mitsamt seinen Federn in eine kleine Kanone und schoss es in den Himmel. Fasziniert registrierte er das Resultat: »Die Federn stiegen zwanzig bis dreißig Fuß hoch und wurden vom Wind verteilt. Bei ihrer Untersuchung war festzustellen, dass sie sehr sauber ausgerupft waren, nur selten haftete ein Stück Haut daran. Der Körper war in Fragmente zerrissen, die nur teilweise wieder aufgefunden wurden. Die Geschwindigkeit betrug 341 Meilen pro Stunde. Ein Huhn, das bei dieser Geschwindigkeit durch die Luft wirbelt, wird vollständig in Stücke zerrissen. Es ist wahrscheinlich, dass bei etwas niedrigerer Geschwindigkeit die meisten Federn ausgerissen werden, ohne den Körper zu verletzen.« Aus diesem recht primitiven Experiment schloss Loomis, dass die meisten Tornados langsamer als 341 Meilen pro Stunde (etwa 550 km/h) waren, aber schnell genug, um ein lebendiges Huhn zu rupfen. Seiner Schätzung nach würde es reichen, ein lebendes Huhn bei etwa 100 Meilen pro Stunde (etwa 160 km/h) aus einer Kanone zu schießen, um den gleichen Effekt zu erzielen. Glücklicherweise überprüfte der Mathematiker seine Theorie nie, doch bis Mitte des 20. Jahrhunderts war man nach wie vor überzeugt, dass die starken Winde den Hühnern ihre Federn raubten. Einige Fachleute entwickelten im Lauf der folgenden Jahrzehnte andere Theorien. Eine machte die elektrische Ladung des Wirbelsturms dafür verantwortlich, eine andere ein Vakuum im Auge des Tornados, das die Federschäfte zur Explosion brächte, doch eine richtig überzeugend Erklärung lieferte niemand.

Erst 1975 stellte der Wissenschaftler Bernard Vonnegut, Bruder des Schriftstellers Kurt Vonnegut, Loomis' Experiment infrage, indem er sich näher mit den Eigenschaften des Gefieders beschäftigte. Er fand heraus, dass Hühnerfedern mehr oder weniger fest in den Follikeln sitzen können, je nachdem, wie gesund ein Huhn ist, ob es nervös oder entspannt ist oder sich gerade mausert. Somit waren ausfallende Hühnerfedern kein verlässlicher Indikator für die Windgeschwindigkeit von Tornados. Deshalb schlug Vonnegut eine andere Erklärung für das Mysterium der gerupften Tiere vor: Bei Vögeln kann es unter starkem Stress zu einer sogenannten Schock- oder Schreckmauser kommen, in der sich die Federn leichter lösen als gewöhnlich. Diesen Schutzreflex entwickelten die Hühner, um Räubern zu entkommen, die dadurch beim Angriff nur ein Maul voll Federn erbeuten, während ihr Opfer fliehen kann. Diese angeborene Stressreaktion trete auch im Auge des Tornados auf, und der Wind erledige dann den Rest.[22]

Während Vonnegut posthum der Ig-Nobelpreis verliehen wurde, eine satirische Ehrung für Forschungsleistungen, die Menschen zum Lachen und Nachdenken bringen, endete ein anderes berühmtes wissenschaftliches Experiment mit Hühnern weniger witzig. Francis Bacon, geboren 1561, wurde 1584 Parlamentsabgeordneter und 1618 Lordkanzler. Seine wahre Leidenschaft jedoch war die Wissenschaft. 1626 fuhr Bacon gemeinsam mit Dr. Witherborne, dem schottischen Leibarzt des Königs, in einer Kutsche nach Highgate in London. In diesem ungewöhnlich kalten Frühling lag noch Schnee. Das brachte Bacon, den die »Konservierung und Härtung von Körpern«[23] faszinierte, plötzlich auf die Idee, dass man Fleisch statt in Salz auch in Schnee konservieren könne. Laut der Schilderung in John Aubreys *Lebens-Entwürfe* sprangen die beiden Männer aufgeregt aus der Kutsche »und gingen in das Haus einer armen Frau zu Füßen des Highgate-Hill, erwarben eine Henne, ließen sie von der Frau ausnehmen, und dann stopften sie den Cadaver mit Schnee aus, und Mylord legte selbst mit Hand an«.[24]

Wie Bacon an seinen Freund, den Earl of Arundel, schrieb: »Das Experiment selbst gelang ausgezeichnet, doch was die Reise zwischen London und Highgate betrifft, musste ich mich derart übergeben, dass ich nicht wusste, lag's [...] an Übersättigung oder der Kälte [...]. Doch im Haus Eurer Lordschaft angelangt, war es mir unmöglich, zurückzufahren, und so war ich gezwungen, dort Quartier zu nehmen, wo Eure Haushälterin sich umsichtig und eifrig um mich kümmert.«

Bacon war nicht klar, wie schlecht es tatsächlich um ihn stand. Aus seiner Verkühlung wurde bald eine viel schwerere Erkrankung. »Ich weiß wohl, wie unpassend es ist, Eurer Lordschaft anders als von eigener Hand zu schreiben, doch bei meiner Ehre, aufgrund der Krankheit sind meine Finger so ungelenk, dass ich keine Feder halten kann«,[25] vermeldete er tapfer – es sollte sein letzter Brief sein. Nur wenige Tage später starb er.

Auch wenn dieser eigentümliche Tod viele zu witzigen

Wortspielen darüber verleitete, dass gefrorene Hühner länger halten als Bacon, hat diese Anekdote noch ein recht ungewöhnliches Postskriptum. Seit Bacons Dahinscheiden wurde mehrfach von einem in Highgate am Pond Square spukenden Geisterhuhn berichtet. Ein Zeitungsartikel von 1957 beschreibt das »schlotternde Huhn« als regelmäßigen Besucher. Die dort ansässigen Mr. und Mrs. John Greenhill gaben Folgendes zu Protokoll: »Es handelte sich um einen großen weißen Vogel, der auf den niederen Ästen des Baumes gegenüber von unserem Haus saß. [...] Viele Mitglieder meiner Familie haben ihn in hellen Mondnächten dort gesehen, bevor er durch eine Backsteinmauer wieder verschwand.«[26] – Da lachen ja die Hühner!

In der langen, wechselvollen Geschichte des Huhns befinden wir uns nun an einem kritischen Punkt. Ein aktueller Bericht der Vereinten Nationen und der Organisation für wirtschaftliche Zusammenarbeit und Entwicklung (OECD) sagt voraus, dass der globale Fleischkonsum in der nächsten Dekade um zwölf Prozent zunehmen werde, die Hälfte davon werde auf billiges Hühnerfleisch entfallen. Im Jahr 2030, so die Annahme, verzehrt weltweit jeder Mensch im Durchschnitt jährlich 35 Kilogramm Fleisch, 40 Prozent davon Hühnerfleisch, doppelt so viel wie Rind und achtmal so viel wie Lamm oder Hammel.

Dafür sind zwei Schlüsselfaktoren verantwortlich: Erstens sind die modernen Züchtungen besser als jedes andere für die Fleischproduktion gehaltene Nutztier in der Lage, das, was sie fressen, in Fleisch zu verwandeln. Die Hersteller sprechen in dem Zusammenhang von der Futterverwertung (Feed Conversion Ratio, FCR), und verglichen beispielsweise mit Rind wirft das Huhn bei gleicher Futtermenge deutlich mehr Fleisch ab. Darüber hinaus wachsen Hühner schneller als je zuvor, und dieser kurze Produktionszyklus, der vom Ei bis auf den Tisch nur wenige Wochen dauert, ermöglicht es den Züchtern, immer weiter an den Hühnergenen herumzuexperimentieren, um ihre Vögel noch effizienter zu machen. Wie am Beispiel des Nackthühner-Forschungsprojektes erläutert, wird daran gearbeitet, Hühner zu erschaffen, die auch bei einer ungünstigen Umgebung und schlechtem Futter gedeihen, also mit Lebensbedingungen in ökonomisch weniger gut entwickelten Ländern.

Zweitens geht man davon aus, dass sich die Art des Fleischkonsums in den nächsten zehn Jahren ändern wird, und dabei stellt das Bevölkerungswachstum eine entscheidende Herausforderung dar. Bis 2030 wird die Weltbevölkerung verglichen mit heute vermutlich um ein Zehntel zugenommen haben, wobei sie in bestimmten Regionen besonders schnell wächst. Darum wird laut Berechnungen der Fleischkonsum in Afrika um 30 Prozent zunehmen, in Asien um 18 Prozent, in Lateinamerika um zwölf Prozent, in Nordamerika um neun Prozent, in Europa dagegen nur um 0,4 Prozent. Viele Faktoren beeinflussen den Verzehr von Fleisch in einem Land – vom Einkommen (Fleisch gehörte schon immer zu den teureren Nahrungsmitteln) über Religion und Sozialpolitik bis hin zu Gesundheitstrends.

Im Augenblick ist der Pro-Kopf-Verbrauch in Entwicklungsländern niedrig, während er sich in den wirtschaftlich hoch entwickelten Ländern, in denen seit Jahrzehnten große Mengen Fleisch konsumiert werden, einer Obergrenze nähert. Doch sich verändernde Konsumbedürfnisse wie das wachsende Interesse an vegetarischer oder veganer Ernährung und damit Fleischersatzprodukten beeinflusst selbst die Nachfrage in den Entwicklungsländern.[27]

In Ländern mit hohen Durchschnittseinkommen ist der Fleischkonsum nach wie vor am höchsten, und der Unterschied zu den ärmsten Ländern ist frappierend. In Europa isst ein Mensch durchschnittlich 80 Kilogramm Fleisch jährlich, in Amerika sind es 110 Kilo, in Australien sogar 116 Kilo, während in einigen der ärmsten afrikanischen Länder wie Mosambik oder Niger im Durchschnitt nicht mehr als zehn Kilo pro Kopf und Jahr zusammenkommen – eine extrem unausgewogene Situation also. In Ländern, die sich in den letzten Jahrzehnten ökonomisch sehr rasch entwickelten, ist auch der Fleischkonsum, insbesondere von Huhn, regelrecht explodiert. In China wird heute fünfzehnmal mehr Fleisch konsumiert als 1961.[28] In Brasilien hat sich die Menge vervierfacht. Indien ist eines der wenigen Länder, die sich diesem Trend widersetzen: Aufgrund eines großen Anteils der Bevölkerung, der sich vegetarisch oder laktovegetarisch ernährt, liegt der Pro-Kopf-Verzehr von Fleisch bei lächerlichen 4,5 Kilo, ein Anstieg von nur einem Kilogramm innerhalb von zwei Jahrzehnten.[29]

Ethische Überlegungen zur globalen Geflügelindustrie sind durchaus heikel. Denn nachdem wir in den reichen Ländern seit Jahrzehnten die Vorzüge der Ernährung mit billigem Hühnerfleisch und Eiern genießen, scheint es durchaus heuchlerisch, nun ärmere Länder über Tierhaltung und Fleischkonsum belehren zu wollen. Doch die ständig wachsende Geflügelindustrie bleibt selbstverständlich nicht ohne Folgen. Den Vereinten Nationen zufolge ist die Nutztierhaltung für knapp 15 Prozent der von den Menschen verursachten Treibhausemissionen verantwortlich, genauso viel, wie Autos, Flugzeuge, Schiffe und Züge zusammen verursachen. Außerdem wird ein Drittel der Nutzpflanzen an Tiere verfüttert. Die Problematik ist also ziemlich komplex. Wenn ein Supermarkt ein ganzes Huhn für nur wenige Euro verkaufen kann, dann erhalten die, die es aufgezogen haben, deutlich weniger. Die Gewinnspannen der Halter sind also sehr klein, und so ist Kosteneffizienz seit geraumer Zeit einer der wichtigsten Faktoren für Neuerungen. Das Ziel, immer größere Hühner in immer kürzerer Zeit mit einem immer geringeren Einsatz von Futter, Energie und anderen Kosten zu erzeugen, scheint eigentlich unmöglich, und doch kennt die kontinuierliche genetische und technologische Weiterentwicklung offenbar keine Grenzen. Auf den ersten Blick wirkt Geflügel aus Intensivhaltung effizienter hinsichtlich der Landnutzung, des Futters und des Kohlendioxidausstoßes als das traditionell gehaltene Freilandgeflügel oder andere Nutztiere. Grasgefütterte langsam wachsende Kühe verursachen pro Kilo Fleisch 16 Kilogramm Kohlendioxid, im Vergleich zu nur 4,4 Kilogramm CO_2 pro Huhn aus einer Geflügelfarm.[30]

Doch die viel beschworene Effizienz ist nicht das einzige Maß für ökologische Nachhaltigkeit. Aus Sicht des Livestock, Environment and People Project (LEAP, ein Zusammenschluss mehrerer Organisationen, zu denen auch die University of Oxford und das International Food Policy Research Institute gehören) ist ein differenzierter Ansatz nötig, um die Probleme zu bewerten, die aus der Intensivhaltung entstehen. Der allgemeine Anstieg der Nachfrage nach Fleisch, nicht nur vom Huhn, hat auf der ganzen Welt zu massiver Entwaldung geführt, die wiederum einen negativen Einfluss auf Treibhausgase und eine Gefahr für die Artenvielfalt darstellt. In der Vergangenheit wurden insbesondere zur Produktion von Rindfleisch viele Bäume gefällt, inzwischen passiert das auch zum Anbau von Soja, das als Geflügelfutter benötigt wird. Der Sustainable Food Trust schätzt, dass jährlich rund drei Millionen Tonnen Soja nach Großbritannien importiert werden, von denen ein Großteil in die Mägen von Hühnern wandert. Und obwohl der Anbau ganz eindeutig mit Entwaldung in Südamerika einhergeht, ist über die Hälfte davon nicht als entwaldungsfrei zertifiziert.[31] In Deutschland werden laut WWF 4,5 Millionen Tonnen Sojaschrot verfüttert, vorwiegend an Schweine und Geflügel.[32] Von den Hülsenfrüchten wurden nach Angaben der Bundesregierung im Wirtschaftsjahr 2018/19 3,8 Millionen Tonnen importiert.[33]

Die Hühnerintensivhaltung mit den Unmengen Kot und Federn, die dabei anfallen, verschmutzt auch die Umwelt in großem Ausmaß. Dieses oft als Dünger eingesetzte Material ist trotz seines hohen Gehalts an Nährstoffen nicht einfach ein wertvolles Agrarprodukt, sondern zieht eine Reihe weiterer Probleme nach sich.

Der unbedachte und exzessive Einsatz von Hühnermist auf Agrarflächen schadet häufig mehr, als er nutzt. Es folgen die Verschmutzung von Gewässern, aber auch der Eintrag von Antibiotika, Spurenelementen, Pestiziden und Krankheitserregern in die Umwelt und damit auch in die Nahrungskette.

Der umfangreiche Einsatz von Antibiotika in der Intensivhaltung von Hühnern wird auch mit dem wachsenden Problem der Antibiotikaresistenz in Verbindung gebracht. Da bestimmte Bakterienstämme sich inzwischen als immun gegen Medikamente erweisen, haben sich nicht zu behandelnde Infektionen weltweit zu einer der häufigsten Todesursachen entwickelt. Nach Angaben des Fachmagazins *The Lancet* sterben daran täglich etwa 3 500 Menschen, mehr als an HIV und Malaria zusammen.[34] Der Geflügelindustrie werden weltweit außerdem schlechte Arbeitsbedingungen, insbesondere in den Schlachtereien und Verarbeitungsbetrieben, zum Vorwurf gemacht. Außerdem erzeugt die Errichtung neuer Geflügelfarmen in gewachsenen ländlichen Gemeinden Lärm, Luftverschmutzung, einen Anstieg des Lkw-Verkehrs, die Verschmutzung lokaler Flüsse sowie die Industrialisierung von Landschaften, die eigentlich auf den Tourismus angewiesen sind.

Es stimmt zwar, dass viele Geflügelzüchter und -halter sich um Verbesserungen bemühen. So ist der Einsatz von Antibiotika bei Nutztieren in Großbritannien in den letzten fünf Jahren um 50 Prozent zurückgegangen, und die EU hat die Verabreichung an gesunde Tiere, inklusive Geflügel, erst kürzlich verboten. Aber es bleibt noch viel zu tun.

Entscheidend ist vielleicht die wachsende Kluft zwischen unserer Zuneigung zu allen möglichen kleinen und großen Tieren und unserem Umgang mit Nutztieren in Intensivhaltung, insbesondere Hühnern, die wir als verwertbare Handelsware und nicht als fühlende Wesen betrachten. Unser Verhältnis zu Hühnern ist extrem widersprüchlich: Wir brechen beim Anblick kleiner Küken in Entzücken aus, und zugleich bestellen wir in Fast-Food-Restaurants Keulen und Flügel gleich eimerweise. Während des Covid-Lockdowns legten sich Leute panikartig Hühner für ihren Garten zu, um sie dann, als sich der Alltag wieder normalisierte, möglichst schnell wieder loszuwerden. Das auf einem malerischen Bauernhof scharrende Huhn ist uns Inbegriff des traditionell geruhsamen Landlebens und dient einer grausamen Geflügelindustrie als Werbeikone. Vieles wollen wir lieber nicht so genau wissen.

Aufgrund öffentlichkeitswirksamer Kampagnen gegen die Haltung in Legebatterien wurde diese Form der Eierproduktion in der EU 2012 verboten. Bei der Freilandhaltung von Legehennen sind in Europa Großbritannien, Irland und Österreich führend, den größten Anteil an Biohaltung weisen Schweden und Dänemark auf.[35] Doch die wenigsten Verbraucherinnen und Verbraucher wissen, woher ihr Hühnerfleisch stammt. 94 Prozent der in Großbritannien konsumierten Hühner stammen aus Intensivhaltung. In Deutschland werden laut Bundesanstalt für Landwirtschaft und Ernährung etwa 81 Prozent aller Masthühner in Betrieben mit mehr als 50 000 Plätzen gemästet.[36]

Inzwischen ist allerdings einiges in Bewegung geraten. Dank verschiedener Tierschutz- und Umweltorganisationen finden sich auch in Supermärkten inzwischen Alternativen, bei deren Erzeugung auf mehr Tierwohl geachtet wurde, das heißt mehr Platz, mehr Tageslicht und eine artgerechtere Stallgestaltung. Entscheidend ist das Label – Begriffe wie »farmfrisch« oder »Getreidefütterung« bedeuten für das Hühnerglück rein gar nichts, offizielle Siegel sind aufgrund festgelegter Kriterien verlässlicher.[37]

Aber spielt das eine Rolle? Interessiert es das Geflügel überhaupt, wie es gehalten wird? Und sollte es uns interessieren? Seit ihrer Domestizierung haben wir praktisch nie mehr hinterfragt, ob wir Hühner als beliebig verfügbare Ware betrachten dürfen. Hahnenkämpfe, Kapaunisierung, Verwendung als Opfertiere oder Haltung in Legebatterien – unsere Grausamkeit scheint kaum Grenzen zu kennen. Auch unsere Ansichten über Nutztiere sind komplex und widersprüchlich. Der Ethik des Fleischverzehrs sind viele Regalmeter an Büchern und Studien gewidmet, die Rob Percival 2002 brillant in seinem Werk *The Meat Paradox* auseinandergenommen hat. Im Zentrum der Debatte steht der grundsätzliche Konflikt zwischen dem Bedürfnis und Genuss, Fleisch zu essen, und unseren moralischen Bedenken angesichts des Tierleids.

Theoretisch scheint es nur zwei Haltungen zu geben: Entweder sind einem Tiere mehr oder weniger egal und damit auch die Haltungsbedingungen, oder man ernährt sich vegetarisch oder vegan. Tatsächlich jedoch entscheiden sich die meisten für einen dritten Weg: Wir verdrängen unsere Bedenken mithilfe bestimmter Gewohnheiten und Tricks – das nennt man kognitive Dissonanz. Wir kaufen Fleischstücke, die nicht mehr an die Tiere erinnern, von denen sie stammen. Wir fragen gar nicht erst nach, unter welchen Bedingungen die Tiere gehalten wurden. Wir haben die Kategorien Haustiere und Nutztiere im Kopf streng getrennt und bewerten sie hinsichtlich Intelligenz und Emotionen unterschiedlich. In Wahrheit ist das natürlich Quatsch: Schweine haben sich als ebenso intelligent erwiesen wie Hunde, Hennen lernen manches schneller als ein Kleinkind. Wir beschimpfen jemanden als »dummes Huhn«, ohne die geringste Ahnung von den kognitiven Fähigkeiten und Verhaltensweisen von Hühnern zu haben.

Tatsächlich sind Hühner nämlich bemerkenswerte Geschöpfe. Studien zeigen, dass hinter den kleinen Knopfaugen entgegen unseren Annahmen jede Menge vorgeht. Mit Experimenten konnte man die unterschiedlichen visuellen, mentalen und räumlichen Fähigkeiten von Hühnern nachweisen, darunter die sogenannte Objektpermanenz: Das ist die Fähigkeit zu begreifen, dass etwas existiert, auch wenn man es nicht sieht. Zeigt man einem Huhn einen Gegenstand und entfernt ihn dann aus seinem Wahrnehmungsfeld, weiß es, dass es diesen Gegenstand noch gibt. Küken verfügen praktisch unmittelbar nach dem Schlüpfen über diese Fähigkeit, bei menschlichen Babys entwickelt sich Objektpermanenz erst innerhalb von drei Monaten.[38]

Frisch geschlüpfte Küken sind außerdem in der Lage, einfache Rechenaufgaben in Form von Addition und Subtraktion im Bereich von null bis fünf zu lösen.[39] Erstaunlicherweise zählen Küken von links nach rechts aufwärts, ordnen kleinere Zahlen also links, größere rechts – und das entspricht der Art und Weise, wie

Menschen sich Zahlenreihen vorstellen. Hühner haben auch ein erstaunliches Maß an Selbstkontrolle unter Beweis gestellt: In Experimenten, in denen sie mehr Futter bekamen, je länger sie warteten, waren sie nicht nur in der Lage zu erkennen, dass das Resultat von ihrer Geduld abhing, sondern legten auch die nötige Willenskraft an den Tag, auf die größere Belohnung zu warten. Diese erstaunlichen Tiere konnten auch bestimmte Zeitintervalle richtig einschätzen und zukünftige Ereignisse antizipieren.[40]

Am faszinierendsten erscheint mir jedoch, wie gut sie kommunizieren und ihre Gefühle zeigen können: Man hat ein Repertoire von mindestens zwei Dutzend unterschiedlicher Töne und eine ganze Reihe unterschiedlicher Gesichtsausdrücke nachgewiesen. Referenzielle Kommunikation – die Fähigkeit, einem Signal oder Ton eine bestimmte Bedeutung zuzuordnen – schrieben wir lange Zeit nur den Menschen zu. Tiere, so nahmen wir an, seien nur zu sehr schlichter Verständigung in der Lage, zum Beispiel um Angst oder Aggression mitzuteilen. Referenzielle Kommunikation ist deshalb so interessant, weil Hühner – so wie Menschen – Wörter für bestimmte Objekte verwenden, unterschiedliche Schreie für spezifische Gefahren einsetzen: Sie verfügen nicht nur über *eine* Warnung für »Fressfeind«, sondern über mehrere, um solche auf dem Boden oder in der Luft zu unterscheiden. Die Tonlage ist je nach Räuber auch innerhalb jeder Kategorie fein abgestimmt. Hähne, die ihre Hennen auf gefundenes Futter hinweisen, können ihnen zugleich etwas über dessen Qualität mitteilen. Wie ich am Ende von Kapitel 4 gezeigt habe, verhalten Hühner sich manchmal geradezu machiavellistisch, wenn beispielsweise Hähne mit einem Schrei einen Futterfund vorgaukeln, um Hennen anzulocken, oder mit einem Warnruf ihre Rivalen in tödliche Gefahr bringen.

Auch soziales Lernen ist Hühnern nicht fremd, denn sie erwerben Fähigkeiten häufiger durch Beobachtung als durch Versuch und Irrtum. In einem Experiment gelang es jungen Hennen besser, eine Aufgabe korrekt auszuführen, wenn sie von erfahrenen Hennen vorgemacht wurde, als durch die Beobachtung der Versuche anderer unerfahrener Hennen. Küken sind nachweislich in der Lage, verschiedene menschliche Gesichter zu unterscheiden, und in einem besonderen Experiment schienen Hennen sogar die Abbildungen von »schönen« Menschen mit symmetrischen Zügen denen von asymmetrischen Gesichtern vorzuziehen. Menschen zeigen genau dieselben Präferenzen, sie wenden unbewusst Symmetrie als Kriterium für Gesundheit und damit Attraktivität eines potenziellen Partners bzw. einer Partnerin an.[41]

Untersuchungen belegten die Fähigkeit unseres Geflügels, Angst und Unruhe, Empathie und emotionalen Stress in Bezug auf ihren Nachwuchs zu empfinden.[42] Alle, die schon einmal eine Hühnerherde versorgt haben, wissen, dass jedes Huhn eine individuelle Persönlichkeit, sein eigenes Temperament hat. Innerhalb ihrer komplexen Gruppenhierarchie lassen sich die selbstbewussten und die zurückhaltenden, die neugierigen und die nervösen, die vorsichtigen und die völlig unbekümmerten Charaktere unterscheiden. Die einen sind aggressiv und scheuen den Kontakt mit Menschen, andere lieben es, wenn man sie umhegt. Mögen

Hühner auch keine besonders naheliegenden Haustiere sein, wächst doch die Einsicht, welche Vorteile die Beziehung zwischen Mensch und Vogel haben kann. »Therapiehühner«, die in Pflegeheime, Krankenhäuser oder andere therapeutische Einrichtungen mitgenommen werden, sind inzwischen weithin akzeptierte Hilfsmittel, um Menschen mit unterschiedlichen Einschränkungen wie Autismus, Vereinsamung, Depressionen oder posttraumatische Belastungsstörungen zu helfen.

Was bedeutet das letztlich für die Beziehungen zwischen Mensch und Federvieh? Dass Hühner über erstaunliche kognitive und soziale Fähigkeiten verfügen, muss nicht automatisch bedeuten, dass man ihre Eier nicht essen und sie nicht zur Fleischproduktion halten darf. Das ist eine persönliche Entscheidung, die auch davon abhängt, wie man als Einzelne(r) die eigene Rolle in der Nahrungskette beurteilt. Es sollte aber definitiv dazu führen, dass wir uns intensivere Gedanken über das körperliche und mentale Wohlergehen von Hühnern machen und damit über ihr natürliches Verhalten wie das Sitzen auf Ästen oder Stangen, das Staubbaden oder das Nistverhalten. Ein Überblicksartikel im *Scientific American* fasste die vielen Studien zur Intelligenz von Geflügel folgendermaßen zusammen: »Hühner sind klug und in der Lage, ihre Welt zu begreifen, was beklemmende Gedanken zu ihrer Behandlung in der Intensivhaltung nach sich zieht.«[43]

Hühner sind ein Sinnbild unseres leichtfertigen und zunehmend gefährlichen Umgangs mit der gesamten belebten Welt. Hühner und ihre Eier haben sich als ausgesprochen wertvolle Nahrungsquelle für die Menschen erwiesen. Und so haben sich diese großartigen Geschöpfe einerseits als ideale Tiere für einen bescheidenen, geruhsamen Lebensstil erwiesen – intelligent und fügsam, wohlwollend und willensstark. Umgekehrt behandeln wir Menschen weltweit Hühner immer mehr als Waren in der industrialisierten Nahrungsmittelproduktion und ignorieren ihre Gefühle und ihr Schmerzempfinden. Hühner wurden sozusagen »enttiert«, in der Vorstellung vieler Menschen sind sie nicht einmal Vögel mit spezifischen Eigenschaften und einem Sozialverhalten, sondern eher etwas wie Pflanzen, die man anbaut und erntet. Dabei schulden wir ihnen Mitgefühl und Respekt – als Charaktertieren, die uns Menschen von Anfang an begleiten.

Das Chinesische Seidenhuhn

Danksagung

Wie immer tausend Dank an das mutige Team meines Verlags Head of Zeus, das mir half, das Buch auszubrüten und ihm Flügel zu verleihen: Matt Bray, Kathryn Colwell, Clémence Jacquinet, Claire Kennedy, Aphra Le Levier-Bennett, Ed Pickford, Matilda Singer und allen voran Richard Milbank.

Ihr seid echt das Gelbe vom Ei.

Anmerkungen

Wenn möglich, wurde auf deutsche Übersetzungen zurückgegriffen und die entsprechende deutsche Quelle angegeben. Ansonsten stammt die deutsche Fassung von der Übersetzerin, die Quellenangabe verweist jedoch auf das Original.

ÜBERLEBENDE

1 Lee, M. S. Y u. a., ›Sustained miniaturization and anatomical innovation in the dinosaurian ancestors of birds‹, Science, 345:6196 (1. August 2014), S. 562–566.

2 Field, D. J. u. a., ›Early Evolution of Modern Birds Structured by Global Forest Collapse at the End-Cretaceous Mass Extinction‹, Current Biology, 28:11 (4. Juni 2018), S. 1825–31.e2.

3 Field, D. J., Benito, J., Chen, A. u. a., ›Late Cretaceous neornithine from Europe illuminates the origins of crown birds‹, Nature, 579 (2020), S. 397–401. https://doi.org/10.1038/s41586-020-2096-0

4 Larson, D. W. u. a., ›Dental Disparity and Ecological Stability in Bird-like Dinosaurs prior to the End-Cretaceous Mass Extinction‹, Current Biology, 26:10 (2016), S. 1325–33. https://doi.org/10.1016/j.cub.2016.03.039

5 Callaway, E., ›T. Rex kinship with chickens confirmed‹, New Scientist (24. April 2008). www.newscientist.com/

article/dn13772-t-rex-kinship-with-chickens-confirmed/#ixzz6w4RWKlLk

6 Romanov, M. N., Marta Farré u. a., ›Reconstruction of gross avian genome structure, organization and evolution suggests that the chicken lineage most closely resembles the dinosaur avian ancestor‹, BMC Genomics, 15:1060 (2014). https://doi.org/10.1186/1471-2164-15-1060

7 Grossi, B. u. a., ›Walking Like Dinosaurs: Chickens with Artificial Tails Provide Clues about Non-Avian Theropod Locomotion‹, PLoS ONE 9(2): e88458 (2014). https://doi.org/10.1371/journal.pone.0088458

8 Bhullar, B. A. S. u. a., ›A molecular mechanism for the origin of a key evolutionary innovation, the bird beak and palate, revealed by an integrative approach to major transitions in vertebrate history‹, Evolution, 69:7 (Juli 2015), S. 1665–77. https://doi.org/10.1111/evo.12684.

9 www.scientificamerican.com/article/mutant-chicken-grows-alli/

10 Coghlan, A., ›Female Ducks Fight Back Against Raping' Males‹, New Scientist (1. Mai 2007). www.newscientist.com/article/dn11764-female-ducks-fight-back-against-rapingmales/?ignored=irrelevant

11 Hopkin, K., ›Why Did the Chicken Lose Its Penis?‹, Scientific American (6. Juni 2003). www.scientificamerican.com/podcast/episode/why-did-the-chicken-lose-its-penis-13-06-06/

12 McKinnell, J., ›Cock-a-doodle-don't‹, Macleans (20. März 2006). https://archive.macleans.ca/article/2006/3/20/cock-a-doodle-dont

13 Buffon, Georges Louis Leclerc, Herrn von Buffons Naturgeschichte der Vögel Bd. 2 (Berlin: Pauli, 1774), S. 78 ff. https://gdz.sub.uni-goettingen.de/id/PPN609504541

14 A. a. O., S. 173.

15 Blyth. E., ›XXXIX – A Few Critical Remarks on

M. Carl J. Sundevall's Paper on the Birds of Calcutta‹, in The annals and magazine of natural history, zoology, botany and geology: incorporating the journal of botany, Bd. 20 (London: Taylor and Francis, 1847), S. 388.

16 Blyth, E., ›Letter on the poultry in India‹, Gardener's Chronicle & Agric. Gaz., 39:619 (1851), zitiert in Grouw, H. und Dekkers, W., ›Temminck's Gallus giganteus; a gigantic obstacle to Darwin's theory of domesticated fowl origin?‹, Bulletin of the British Ornithologists' Club, 140:3 (21. September 2020), S. 321–34.

17 Blyth, E., Letter to C. R. Darwin, 30. September oder 7. Oktober 1855. Darwin Correspondence Project, Brief Nr. 1761, zitiert in Grouw, H. und Dekkers, W., ›Temminck's Gallus giganteus; a gigantic obstacle to Darwin's theory of domesticated fowl origin?‹, Bulletin of the British Ornithologists' Club, 140:3 (21. September 2020), S. 321–34.

18 Darwin, Charles, Ch. Darwin's Gesammelte Werke. Aus d. Engl. übers. von Julius Victor Carus / 3.: Das Variiren der Thiere und Pflanzen im Zustande der Domestication, Band 1 (Stuttgart: Schweizerbart, 1878), S. 246. http://opacplus.bsb-muenchen.de/title/BV023880422/ft/bsb11376795?page=260

19 A. a. O., S. 258. https://opacplus.bsb-muenchen.de/Vta2/bsb11376795/bsb:BV023880422?page=272

20 Fumihito, A. u. a., ›One subspecies of the red junglefowl (Gallus gallus gallus) suffices as the matriarchic ancestor of all domestic breeds‹, Proceedings of the National Academy of Sciences, 91:26 (Dez. 1994), S. 12505–9. https://doi.org/10.1073/pnas.91.26.12505

21 Eriksson, J., Larson, G., Gunnarsson, U. u. a., ›Identification of the yellow skin gene reveals a hybrid origin of the domestic chicken‹, PLoS Genet, 4(2):e1000010 (29. Februar 2008). https://doi. org/10.1371/journal.pgen.1000010

22 www.scientificamerican.com/article/earliest-chickens-were-actually-pheasants/

23 Wang, M. S., Thakur, M., Peng, M. S. u. a., ›863 genomes reveal the origin and domestication of chicken‹, Cell Research, 30 (2020), S. 693–701. https://doi.org/10.1038/s41422-020-0349-y

24 Clutton-Brock, J., The Walking Larder: Patterns of Domestication, Pastoralism, and Predation (London: Routledge, 2014), S. 11.

25 Serpel, J. A., ›Pet-Keeping in Non-Western Societies: Some Popular Misconceptions‹, Anthrozoös, I: 3 (1989), S. 170–1.

26 Collias, N. E. und Saichuae, P., ›Ecology of the Red Jungle Fowl in Thailand and Malaya with Reference to the Origin of Domestication‹, Natural History Bulletin of the Siam Society, 22 (1967), S. 189–209.

27 Ebd.

28 Agnvall, B., ›Early domestication? Phenotypic alterations of Red Junglefowl selected for divergent fear of humans‹, Linköping Studies in Science and Technology, Dissertation No. 1790, IFM Biology, Department of Physics, Chemistry and Biology, Linköping University, Sweden (2016). www.diva-portal.org/smash/get/diva2:1036456/FULLTEXT01.pdf

KÄMPFER

1 Perry-Gal, L. u. a., ›Earliest economic exploitation of chicken outside East Asia: Evidence from the Hellenistic Southern Levant‹, Proceedings of the National Academy of Sciences, 112:32 (Juli 2015), S. 9849–54. https://www.jstor.org/stable/26464787

2 Carter, H., ›An Ostracon Depicting a Red Jungle-Fowl. (The Earliest Known Drawing of the Domestic Cock)‹, Journal of Egyptian Archaeology, 9:1/2 (1. April 1923), S. 1–4. https://doi.org/10.2307/3853489

3 Ryley Scott, G., History of Cockfighting (Hindhead: Saiga Publishing, 1983), S. 91.

4 Buch X, Kap. 25. C. Plinius Secundus d. Ä., Natur-

kunde, Lateinisch-Deutsch, Buch X, herausgegeben und übersetzt von Roderich König in Zusammenarbeit mit Gerhard Winkler (München, Zürich: Artemis, 1986), S. 45.

5 Vgl. Pegge, Rev. S., ›A Memoir on Cockfighting‹, Archaeologica, Bd. III (The Society of Antiquaries of London, 1786), S. 141.

6 Vgl. Csapo, E., ›The Cultural Poetics of the Greek Cockfight‹, The Australian Archaeological Institute at Athens, Bulletin 4 (2006/07 [2008]) 20–37, 2006), S. 25.

7 Macurdy, G. H., ›The Derivation and Significance of the Greek Word For »Cock«‹, Classical Philology, 13:3 (1918), S. 311.

8 Anacharsis oder von der Gymnastik, in: Lukian's Werke, übersetzt von August Friedrich Pauly, Zehntes Bändchen, (Stuttgart: Metzler, 1824) S. 1214 f. https://de.wikisource.org/wiki/Anacharsis_oder_von_der_Gymnastik

9 Arnott, W. G., Birds in the Ancient World from A to Z (London: Routledge, 2007).

10 Vgl. Buch XXX, Kap. 49. C. Plinius Secundus d. Ä., Naturkunde, Lateinisch-Deutsch, Bücher XXIX/XXX, herausgegeben und übersetzt von Roderich König in Zusammenarbeit mit Joachim Hopp (München, Zürich: Artemis & Winkler, 1991), S. 203.

11 Buch XXIX, Kap. 25. C. Plinius Secundus d. Ä., Naturkunde, Lateinisch-Deutsch, Bücher XXIX/XXX, S. 65.

12 Ebd.

13 Ebd. S. 67

14 Watson, L. C., Magic in Ancient Greece and Rome (London: Bloomsbury Academic, 2019).

15 Pausanias, Periegeta, Pausanias Beschreibung von Griechenland, aus dem Griech. übers. von Joh. Heinrich Chr. Schubart, Bd. 1 (Stuttgart: Krais & Hoffmann, 1857), S. 181. https://www.digitale-sammlungen.de/de/view/bsb10237052?page=,1

16 Cassius Dio, Römische Geschichte. Band V: Epitome der Bücher 61-80, übersetzt von Otto Veh (Düsseldorf: Artemis & Winkler, 2007), S. 378 f.

17 Plinius zitiert nach McMahon, J., Paralysin Cave: Impotence, Perception and Text in the Satyrica of Petronius (Leiden: Brill, 2018–1998?), S. 132.

18 Buch XXXVII, Kap. 54. C. Plinius Secundus d. Ä., Naturkunde, Lateinisch-Deutsch, Bücher XXXVII, herausgegeben und übersetzt von Roderich König in Zusammenarbeit mit Joachim Hopp (Zürich: Artemis & Winkler, 1994), S. 101.

19 Plinius, zitiert in Scott, The History of Cockfighting, S. 88.

20 Radin, M., ›The Lex Pompeia and the Poena Cullei‹, Journal of Roman Studies, 10 (1920), S. 119–30. https://doi.org/10.2307/295798

21 Des Polybios Geschichte, übersetzt von H. Kraz. Bd. 7: Buch XX-XXX (Stuttgart/Leipzig: Nübling, o. J. [ca. 1868]), S. 216. http://opacplus.bsb-muenchen.de/title/BV020116730/ft/bsb10476435?page=42

22 Buch 5, Kap. 12. C. Iulius Caesar, Der gallische Krieg. De bello gallico. Lateinisch-deutsch, herausgegeben und übersetzt von Otto Schönberger (Berlin: Akademie-Verlag, 8., überarbeitete Auflage 2012), S. 205.

23 Doherty, S. P. u. a., ›Estimating the age of domestic fowl (Gallus gallus domesticus L. 1758) cockerels through spur development‹, International Journal of Osteoarchaeology, Bd. 31, Nr. 5, (Sep./Okt. 2021), S. 1–12. https://doi.org/10.1002/oa.2988

24 Best, J., Feider, M. und Pitt, J., ›Introducing Chickens – arrival, uptake and use in prehistoric Britain‹, PAST: The Newsletter of the Prehistoric Society, 84 (Herbst 2016).

25 Buch 6, Kap. 17. C. Iulius Caesar, Der gallische Krieg. De bello gallico. Lateinisch-deutsch, herausgegeben und übersetzt von Otto Schönberger (Berlin: Akademie-Verlag, 8., überarbeitete Auflage 2012), S. 281.

26 Livarda, A. u. a., The Bioarchaeology of Ritual and Religion (Barnsley: Oxbow Books, 2017).

27 Columella, [Lucius Iunius Moderatus] und Ahrens, Karl, Über Landwirtschaft. Ein Lehr- und Handbuch der gesamten Acker- und Viehwirtschaft aus dem 1. Jahrhundert u. Z. (Berlin, Boston: De Gruyter, 2022), S. 246. https://doi.org/10.1515/9783112597149

28 Wood-Gush, D. M. G., ›A History of the Domestic Chicken from Antiquity to the 19th Century‹, Poultry Science, 38:2 (März 1959), S. 321–6. https://doi.org/10.3382/ps.0380321

29 Kron, G., ›Poultry Farming‹, in Campbell, G. L. (Hg.), The Oxford Handbook of Animals in Classical Thought and Life (Oxford: OUP, 2014), S. 119–21.

30 Columella, [Lucius Iunius Moderatus] und Ahrens, Karl, Über Landwirtschaft, S. 253. https://doi.org/10.1515/9783112597149

31 A.a.O., S. 252 f.. https://doi.org/10.1515/9783112597149

32 Doucleff, M., ›How The Sweet Potato Crossed The Pacific Way Before The Europeans Did‹, NPR (23. Januar 2013). www.npr.org/sections/thesalt/2013/01/22/169980441/how-the-sweet-potato-crossed-the-pacific-before-columbus?t=1625579601284

33 Young, E., ›Polynesians beat Columbus to the Americas‹, New Scientist, (4. Juni 2007). www.newscientist.com/article/dn11987-polynesians-beat-columbus-to-the-americas/#ixzz6zv5sm75H

34 Taonui, R., ›Te Haerenga Waka: Polynesian Origins, Migrations, and Navigation‹, thesis for MA in Maori Studies, University of Auckland (1994).

35 Pigafetta, Antonio, Anton Pigafetta's Beschreibung der von Magellan unternommenen ersten Reise um die Welt, aus dem Französischen [ohne Übersetzernennung](Gotha: Perthes, 1801), S. 144. https://www.digitale-sammlungen.de/view/bsb11278735?page=222,223

36 Marsden, William, Natürliche und bürgerliche Beschreibung der Insel Sumatra in Ostindien von Wil-

liam Marsden, aus dem Englischen übersetzt (Leipzig: Schwickert, 1785), S. 300 f. https://books.google.de/books?id=-u9AAAAAcAAJ&printsec=frontcover&hl=de&source=gbs_ge_summary_r&cad=0#v=onepage&q=Hahn&f=false

37 Wood, Jamie R. u. a., ›Origin and timing of New Zealand's earliest domestic chickens: Polynesian commensals or European introductions?‹, Royal Society Open Science, 3:8 (2016).

38 A. a. O., S. 40.

39 Ebd.

40 Thomson, G. M., The Naturalisation of Animals and Plants in New Zealand (Cambridge: Cambridge University Press, 2011), S. 15.

IDOLE

1 Hoggard, B., Magical House Protection: The Archaeology of Counter-Witchcraft (New York: Berghahn Books, 2019).

2 *Die höchst merkwürdige und erstaunliche Entdeckung der drei Hexen von Warboys, die bei den letzten Assisen in Huntington angeklagt, verurteilt und hingerichtet wurden, weil sie die fünf Töchter von Robert Throckmorton Esquire und verschiedene andere Personen mit verschiedenen göttlichen und schmerzhaften Qualen verhext haben: Und auch für die Verhexung der Lady Crumwell zu Tode, von der man in diesem Zeitalter noch nichts gehört hat.* (London: Printed for Thomas Man and John Winnington, and are to be solde in Paternoster Row, at the signe of the Talbot, 1593)., S. 55. https://archive.org/details/WarboysWitchesTrialAndExecution/page/n55/mode/2up

3 Guiley, R. E., The Encyclopedia of Witches, Witchcraft and Wicca (New York: Infobase Publishing, 2008), S. 44.

4 The Dublin University Magazine, Vol. 10 (William Curry, Jun.,and Company, 1837), S. 451.

5 Ebd.

6 Browne, Sir T., ›A Miscellany of Mistaken Beliefs‹, in Pseudoxia Epidemica, Buch V, Kap. 22. http://penelope.uchicago.edu/ pseudodoxia/pseudo522.html

7 Scot, Reginald, The Discoverie of Witchcraft (1584), Kap. 4. www.gutenberg.org/files/60766/60766-h/60766-h.htm

8 Bishop, Prof. T. u. a., The Shakespearean International Yearbook: Bd. 15: Special Section, Shakespeare and the Human (Farnham: Ashgate Publishing, Ltd, 2015), S. 172.

9 Mills Alden, H. (Hg.), Harper's Magazine, Bd. 69 (New York: Harper's Magazine Company, 1884), S. 100.

10 Edinburgh Magazine (Feb. 1818), S. 117.

11 Grimm, Jacob und Wilhelm, Kinder- und Hausmärchen. Die Wichtelmänner. Drittes Märchen (Halle: Hendel 1812). https://www.projekt-gutenberg.org/grimm/khmaerch/chap041.html

12 Jacobs, J., ›The Brewery of Eggshells‹, in Celtic Fairy Tales (London: Pan Macmillan, 2011).

13 Bohak, G. G., ›Traditions of Magic in Late Antiquity – Protective Magic – Babylonian Demon Bowls‹ (The Michigan Society of Fellows and Department of Classical Studies, Dezember 1995). https://deepblue.lib.umich.edu/bitstream/handle/2027.42/108169/def2.html

14 Zitiert nach Brand, J., Observations on Popular Antiquities: Chiefly Illustrating the Origin of Our Vulgar Customs, Ceremonies, and Superstitions (London: Charles Knight and Company, 1841), S. 99.

15 A. a. O., S. 98.

16 Newall, V., ›Easter Eggs‹, The Journal of American Folklore, 80:315 (1967), S. 3–32. https://doi.org/10.2307/538415

17 https://blogs.bl.uk/digitisedmanuscripts/2017/04/a-hunt-for-medieval-easter-eggs.html

18 Brand, J., Observations on popular antiquities: inclu-

ding the whole of Mr. Bourne's Antiquitates vulgares, revised by Sir Harry Ellis, Bd. 1 (1849), S. 176.

19 www.hebdenbridgehistory.org.uk/folklore/pace-egg2.html

20 https://blogs.loc.gov/folklife/2016/03/easter-bunny/

21 https://blog.english-heritage.org.uk/the-history-of-the-egg-hunt/

22 Ebd.

23 https://blogs.bl.uk/asian-and-african/2019/02/jewish-love-potions-a-users-guide.html

24 Radford, E. und M. A., Encyclopaedia of Superstitions (London: Rider and Company, 1947), S. 112.

25 In der Übersetzung von Gisela Etzel, Leipzig: Insel, 1910, http://www.zeno.org/Literatur/M/Keats,+John/Lyrik/Gedichte+(Auswahl)/Sankt+Agnes+Abend

26 Kightly, C., The Perpetual Almanac of Folklore (London: Thames & Hudson, 1987). ›March 2: St Chad's Day: eggs now become plentiful‹.

27 Klein, J. A., ›Cock Ale: »A Homely Aphrodisiac«‹. https://recipes.hypotheses.org/3018

28 www.smithsonianmag.com/smart-news/meet-pro-temperance-women-who-crusaded-against-coffee-180965039/

29 Buffon, Georges Louis Leclerc, Herrn von Buffons Naturgeschichte der Vögel, Bd. 2 (Berlin: Pauli, 1774), S. 85. https://gdz.sub.uni-goettingen.de/id/PPN609504541

30 Zitiert nach Hartley, D., Food in England (London: Piatkus, 2009), S. 181.

31 E. P. Evans zitiert in Walter, E. V., ›Nature on Trial: The Case of the Rooster That Laid an Egg‹, Comparative Civilizations Review, Bd. 10:10, Article 7 (1985). https://scholarsarchive.byu.edu/ccr/vol10/iss10/7

32 Lepp, A. J., ›The Rooster's Egg: Maternal Metaphors and Medieval Men‹ (University of Toronto, 2010). https://tspace.library.utoronto.ca/bitstream/1807/26509/6/Lepp_Amanda_J_201011_PhD_thesis.pdf

33 Zeitlyn, D., ›Do Mambila Cockerels Lay Eggs? Reflections on Knowledge and Belief‹, JASO 22/1 (1991), S. 59–64. www.anthro.ox.ac.uk/sites/default/files/anthro/documents/media/jaso22_1_1991_59_64.pdf

34 Petronius Arbiter, Cena Trimalchionis. Das Gastmahl des Trimalchio. Lateinisch/deutsch, übersetzt und herausgegeben von Karl-Wilhelm Weeber (Stuttgart: Reclam, 2016), S. 113.

35 Chrysostomos, Johannes, Homilien des heiligen Johannes Chrysostomos über die Briefe des heiligen Paulus. 5: Enthaltend den Brief an die Galater und den an die Epheser, aus dem Griech. übers. von Wilhelm Arnoldi (Trier: Troschel, 1837), S. 295. https://www.digitale-sammlungen.de/view/bsb10606495?page=301

36 Hardy, Thomas, Tess, aus dem Englischen von Helga Schulz (München: dtv, 2013), S. 308.

37 Dhalla, M. N., Zoroastrian civilization: from the earliest times to the downfall of the last Zoroastrian empire, 651 A. D. (New York: OUP, 1922), S. 185.

38 Ebd.

39 Zitiert in Hulme, F. E., The history, principles and practice of symbolism in Christian art (London: S. Sonnenschein; New York: Macmillan, 1892), S. 191.

40 Simpson, J., Folklore of Sussex (Cheltenham: The History Press, 2009).

41 Rhŷs, J., Celtic Folklore: Welsh and Manx, Vol 1 (Oxford: OUP, 1901), S. 85.

42 Shakespeare, W., Hamlet, 1. Akt, 1. Szene, zitiert in der Übersetzung von August Wilhelm von Schlegel, https://www.projekt-gutenberg.org/shakespr/hamlets/chap01.html

43 ›An Enquiry into the Original Meaning of Cock-Throwing on Shrove-Tuesday‹, Gentleman's Magazine (London, 1736–50), 7 (Januar 1737), S. 6–8.

44 Ebd.

45 Griffin, E., ›Popular Recreation and the Significance of Space‹, British Academy Review, 9. www.thebritish

academy.ac.uk/ documents/619/11-griffin.pdf (17. März 2017).

46 Henderson, W., Notes On The Folk Lore Of The Northern Counties Of England And The Borders, With an appendix on Household stories by S. Baring-Gould (London: Longmans, Green and Co. 1866), S. 78.

47 The Youth's Cornucopia (London: Hamilton, Adams and Company, 1832), S. 251.

METAPHERN

1 Shakespeare, W., Der Sturm, Übersetzung von Franz Dingelstedt (Hildburghausen: Verlag des bibliographischen Instituts, 1866). https://www.projekt-gutenberg.org/shakespr/sturm2/chap006.html sowie Shakespeare, Der Sturm. Zweisprachige Ausgabe, deutsch von Frank Günther (München: dtv, 2021), S. 167.

2 Morris, W., ›The Story of Rhodope‹, in The Earthly Paradise (London and New York: Routledge, 2014).

3 Stoker, B., Dracula (1897), Kap. 12. ›Letter, Mina Harker to Lucy Westenra 17 September‹ (https://www.gutenberg.org/files/345/345-h/345-h.htm). Deutsche Übersetzung zitiert nach: Bram Stoker, Dracula, aus dem Englischen von Heinz Widtmann (Frankfurt/M.: Fischer, 2008), S. 203.

4 Lewis, S., Elmer Gantry, aus dem Amerikanischen von Franz Fein (Berlin: Rowohlt, 1927), S. 187.

5 Major, C., Dictionary of Afro-American Slang (New York: International Publisher's Co., 1970).

6 Grose, F., Dictionary In The Vulgar Tongue: A Dictionary Of Buckish Slang, University Wit, And Pickpocket Eloquence (1819 edition). www.gutenberg.org/cache/epub/5402/pg5402.html

7 Doherty, S. P. u. a., ›Estimating the age of domestic fowl cockerels through spur development‹, International Journal of Osteoarchaeology (2021), S. 9. https://clok.uclan.ac.uk/37551/

8 Shakespeare, W., Die beiden edlen Vettern, Übersetzung von F. A. Gelbcke, Berlin 2013, http://www.zeno.org/Literatur/M/Shakespeare,+William/Kom%C3%B6dien/Die+beiden+edlen+Vettern/Vierter+Act/Erste+Scene

9 Bardsley, C. W., Curiosities of Puritan Nomenclature (London: Chatto and Windus, 1880).

10 Gard, A. J.: ›The Rise of the Coquette in Seventeenth- and Eighteenth-Century French Theater‹, Dissertation am Department of Romance Studies (University of North Carolina, 2017), S. 14. https://cdr.lib.unc.edu/downloads/ cz30pt43t?locale=en

11 Davidson, J. P., Planet Word (London: Penguin Books Ltd, 2011).

12 www.poetryfoundation.org/poems/43702/the-four-ages-of-man-56d22282befab

13 »Poor Richard, 1739«, Founders Online, National Archives, https:// founders.archives.gov/documents/Franklin/01-02-02-0046. [Original source: The Papers of Benjamin Franklin, Bd. 2, 1. Januar 1735 bis 31. Dezember 1744, hg. v. Leonard W. Labaree. New Haven: Yale University Press, 1961, S. 217–28.]

14 Warren, A., ›The Orphic Sage: Bronson Alcott‹, American Literature, 3:1 (1931), S. 3–13. https://doi.org/10.2307/2919951

15 Wagner, F., ›Eighty-Six Letters (1814–1882) of A. Bronson Alcott (Part One)‹, Studies in the American Renaissance (1979), S. 239–308. www.jstor.org/stable/30227466

16 Flint, J., Letters from America, containing observations on the climate and agriculture of the western states, the manners of the people, the prospects of emigrants, &c (Edinburgh: W. & C. Tait, 1822), S. 263–4.

17 The Hull Packet, 14. März 1851, S. 4.

18 Zitiert in https://wordhistories.net/2021/03/14/headless-chicken/

19 Alexandria Gazette (Alexandria, Virginia), 6. Juli 1868, S. 2.

20 Kim, T. und Zuk, M., ›The effect of age and previous experience on social rank in female red junglefowl, Gallus gallus spadiceus, Animal Behaviour, 60:2 (2000), S. 239–44. https://doi.org/10.1006/anbe.2000.1469

21 Kokolakis, A. u. a., ›Aerial alarm calling by male fowl (Gallus gallus) reveals subtle new mechanisms of risk management‹, Animal Behaviour, 79:6 (2010), S. 1373–80.

HAUSTIERE

1 Zitiert in Jacques, D., The Ferme Ornée (Staffordshire Gardens Trust, 1999). www.researchgate.net/publication/340704680_The_Ferme_Ornee

2 Pückler-Muskau, H. v., Briefe eines Verstorbenen. Dritter und Vierter Theil: Ein fragmentarisches Tagebuch aus Deutschland, Holland und England geschrieben in den Jahren 1826, 1827 und 1828, Dritter Theil (Stuttgart: Hallberger'schc, vormals Franckh'sche Verlagshandlung, 1831), S. 220. https://www.deutschestextarchiv.de/book/view/pueckler_briefe03_1831?p=11

3 https://britishlistedbuildings.co.uk/101053640-fowl-house-approximately-10-metres-to-west-of-vauxhall-farmhouse-tong

4 www.discoveringtong.org/discoveringtong.htm

5 Illustrated London News, Samstag, 23. Dezember 1843, S. 9.

6 Darwin, Ch., Das Variiren der Thiere und Pflanzen im Zustande der Domestication, aus dem Engl. übers. von J. Victor Carus (Stuttgart: Schweizerbart, 1868), S. 59 f. http://opacplus.bsb-muenchen.de/title/BV013812547/ft/bsb10075371?page=74

7 The Field, Samstag, 26. Februar 1853, S. 13.

8 Lewer, S. H. (Hg.), Wright's Book of Poultry (London and New York: Cassell, 1912), S. 240.

9 A. a. O., S. 241.

10 The Times, 13. Januar 1853, S. 4.

11 The Field, Samstag, 26. Februar 1853, S. 13.

12 Punch, Introduction to Vol. XXIV (Jan.–Juni 1853).

13 Punch, Bd. XXV (Juli–Dez. 1853).

14 Burnham, G. P., The History of The Hen Fever: A Humorous Record (Boston, MA: James French and Co., 1855), S. 112. https://www. gutenberg.org/files/40872/40872-h/40872-h.htm

15 Tegetmeier, W., Poultry for the Table and Market Versus Fancy Fowls (London, 1898), S. 8.

16 Ferguson, G., Illustrated Series of Rare and Prize Poultry (London, 1854). www.biodiversitylibrary.org/bibliography/152121

17 Scott, G. R., The History of Cockfighting (Hindhead: Saiga Publishing, 1983), S. 160.

18 Buffon, G. L. L., Herrn von Buffons Naturgeschichte der Vögel, Bd. 2 (Berlin: Pauli, 1774), https://gdz.sub.uni-goettingen.de/id/PPN609504541

19 https://heritagepoultry.org/blog/hamburg

20 Zitiert in Burnham, The History of The Hen Fever, S. 133.

21 A. a. O., S. 134.

22 A. a. O., S. 21

23 A. a. O., S. 309

24 The Field, Samstag, 26. Februar 1853, S. 13.

25 The Times, 13. Januar 1853, S. 4.

LEGEHENNEN

1 www.science.org/news/2018/08/these-eggs-are-putting-new-spin-how-shells-get-their-shape

2 www.princeton.edu/news/2017/06/22/hatching-new-hypothesis-about-egg-shape-diversity

3 Aristoteles, Werke. 6,3: Aristoteles Naturgeschichte der

Tiere 3: Buch 6–8, deutsch von A. Karsch (Stuttgart: Krais & Hoffmann, 1866), S. 8 f. http://opacplus.bsb-muenchen.de/title/BV035666008/ft/bsb10476812?page=11

4 Diodorus Siculus, Diodor's von Sicilien historische Bibliothek. Band 1, übersetzt von Julius Friedrich Wurm (Stuttgart: Metzler, 1831), S. 117 f.; https://opacplus.bsb-muenchen.de/Vta2/bsb11263673/bsb:BV011433899?page=

5 Réaumur, R-A. Ferchault de, The art of hatching and bringing up domestic fowls, by means of artificial heat / Being an abstract of Monsieur de Réaumur's curious work upon that subject, communicated to the Royal Society. Translated from the French, Trembley, F. R. S. (Hg.) (London: C. Davis, 1750), S. 2–3.

6 The Travels of Sir John Mandeville: The version of the Cotton Manuscript in modern spelling. With three narratives, in illustration of it, from Hakluyt's ›Navigations, Voyages & Discoveries‹ (London: Macmillan and Co.; New York: The Macmillan Company 1900), S. 33. www.gutenberg.org/files/782/782-h/782-h.htm

7 Morus, Th., Utopia, übersetzt von Gerhard Ritter. Mit einer Einleitung von Hermann Oncken, unveränderter Nachdruck der Ausgabe Berlin 1922 (Darmstadt: Wissenschaftliche Buchgesellschaft, 1978), S. 44.

8 Landauer, W., ›The Hatchability of Chicken Eggs as Influenced by Environment and Heredity‹ (Storrs Agricultural Experiment Station, 1961), S. 28. https://opencommons.uconn.edu/saes/1

9 Ashley, S., ›The Vulgar Mechanic and His Magical Oven: A Renaissance alchemist pioneers feedback control‹, Nautilus (2014). https://nautil.us/the-vulgar-mechanic-and-his-magical-oven-rp-2783/

10 Réaumur, zitiert in Terrall, M., Catching Nature in the Act: Réaumur and the Practice of Natural History in the Eighteenth Century (Chicago: University of Chicago Press, 2014).

11 Gaultier, Dr J. F., zitiert in Landauer, ›The Hatchability of Chicken Eggs as Influenced by Environment and Heredity‹, S. 39.

12 Lewer, S. H., Wright's Book of Poultry (London, New York, Toronto and Melbourne: Cassell and Company, 1912), S. 88.

13 Geyelin, G. K., Poultry Breeding in a Commercial Point of View, as carried out by the National Poultry Company (Limited) Bromley, Kent, 6. Aufl. (New York, 1881; Erstausgabe 1867).

14 Landauer, ›The Hatchability of Chicken Eggs as Influenced by Environment and Heredity‹, S. 28.

15 The Cyphers Incubator Catalogue and Guide to Poultry Culture (New York: Wayland, 1899).

16 Meall, L. A., Moubray's Treatise on Domestic and Ornamental Poultry, New edition (London: Arthur Hill, Virtue and Co., 1854), S. 47.

17 Columella, [Lucius Iunius Moderatus] und Ahrens, Karl: Über Landwirtschaft: Ein Lehr- und Handbuch der gesamten Acker- und Viehwirtschaft aus dem 1. Jahrhundert u. Z. (Berlin, Boston: De Gruyter, 2022), S. 247. https://doi.org/10.1515/9783112597149

18 Loog, L. u. a., ›Inferring Allele Frequency Trajectories from Ancient DNA Indicates That Selection on a Chicken Gene Coincided with Changes in Medieval Husbandry Practices‹, Molecular Biology and Evolution, 34:8 (Aug. 2017), S. 1981–90. https://doi.org/10.1093/molbev/msx142

19 Slavin, P., ›Chicken Husbandry in Late-Medieval Eastern England: c.1250–1400‹, Anthropozoologica, 44:2 (2009), S. 35–56. https://doi.org/10.5252/AZ2009N2A2

20 Warren, E., 200 Eggs a Year Per Hen: How to Get Them (Hampton, NH: Warren, 1904), S. 3.

21 Dryden zitiert in John, F. J. D., ›OSU's world-record-breaking chicken sparked a fowl feud with newspaper‹. www.mckenzieriverreflectionsnewspaper.com/

story/2021/09/09/ history/osus-world-record-breaking-chicken-sparked-a-fowl-feud-with-newspaper/3927.html

22 W. C. Conner zitiert in John, ›OSU's world-record-breaking chicken sparked a fowl feud with newspaper‹.

23 Ebd.

24 Davenport, C. B., Inheritance in Poultry (CreateSpace Independent Publishing Platform, 2018), S. 5.

25 Robinson, L. in Modern poultry husbandry (1948), zitiert in Sayer, K., ›»His footmarks on her shoulders«: the place of women within poultry keeping in the British countryside, c.1880 to c.1980‹, Agricultural History Review, 61: II (2013), S. 301–29. https://bahs.org.uk/AGHR/ARTICLES/61_2_5_Sayer.pdf

26 Ott, W. H., ›Criteria of Vitamin D Deficiency in Mature Chickens‹, MSc thesis submitted to the Oregon State Agricultural College, Juni 1936, S. 7. https://ir.library.oregonstate.edu/downloads/8c97ks777

27 www.britishpathe.com/video/hen-spectacles (1951)

BROILER

1 Apicius, M. G., Das römische Kochbuch, aus dem Lateinischen übersetzt und kommentiert von Robert Maier (Stuttgart: Reclam, 2016), S. 56 f.

2 www.medievalists.net/2020/11/13th-century-scandinavian-cookbook/

3 www.thepoultrysite.com/news/2014/08/how-much-chicken-do-we-eat-in-the-uk

4 https://de.statista.com/statistik/daten/studie/987874/umfrage/pro-kopf-konsum-von-gefluegelfleisch-nach-arten-in-deutschland/ (abgerufen am 16.8.23)

5 Moubray, B., A Practical Treatise on breeding, rearing and fattening all kinds of Domestic Poultry, Pheasants, Pigeons and Rabbits, including an account of the Egyptian method of hatching eggs by artificial heat, Fourth edition: with additions, on the management of swine, on milch cows and on bees (London,

1830), S. 12. https://wellcomecollection.org/works/db336wdv

6 Slavin, P., ›Chicken Husbandry in Late-Medieval Eastern England: c.1250–1400‹, Anthropozoologica, 44:2 (2009), S. 35–56. https://doi.org/10.5252/AZ2009N2A2

7 Ebd.

8 Pegge, S., The Forme of Cury, A Roll of Ancient English Cookery Compiled, about A. D. 1390 (London, 1780). https://www.gutenberg.org/cache/epub/8102/pg8102.html

9 Tirel, G., Le Viandier de Taillevent. www.cornishpasties.org.uk/origins/pasty-3-historical/pasty-origins3-LeViandier.htm

10 »[...] so man in mit Brot in Wein genetzt/voll weins macht/und bald an eine dunkele Statt setzt/dann so er widerumb zu ihm selbst kommen/vermeint er die Eyer seyen sein/und brütet sie derhalben auß«. Conrad Gessner, Vogelbuch, aus dem Lateinischen übersetzt von Rudolf Heusslein (Frankfurt: Campier, 1600), https://www.digitale-sammlungen.de/de/view/bsb11200268?page=194&q=Brot

11 Slavin, P., ›Chicken Husbandry in Late-Medieval Eastern England: c.1250–1400‹, Anthropozoologica, 44:2 (2009), S. 35–56. https://doi.org/10.5252/AZ2009N2A2

12 Ebd.

13 Buch X, Kap. 71. C. Plinius Secundus d. Ä., Naturkunde, Lateinisch-Deutsch, Buch X, herausgegeben und übersetzt von Roderich König in Zusammenarbeit mit Gerhard Winkler (München, Zürich: Artemis, 1986), S. 97.

14 May, R., The Accomplisht Cook, or The Art and Mystery of Cookery (London: R. Wood, 1665), S. 456.

15 Harleian MS. 279, ›A Forme of Cury Douce‹, MS. 55 (1450).

16 https://www.theatlantic.com/technology/archive/2013/11/perhaps-the-strangest-photo-youll-ever-see-and-how-its-related-to-turduckens/281852/

17 Shakespeare, W., Wie es euch gefällt, 2. Akt, 7. Szene, in der Übersetzung von August Schlegel, https://www.projekt-gutenberg.org/shakespr/gefaellt/geflt27.html.

18 Onions, C. T., ›Capon‹, in A Shakespeare Glossary (Oxford: Clarendon Press, 1911). www.perseus.tufts.edu/hopper/text?do c=Perseus:text:1999.03.0068:entry=capon

19 Hartley, D., Food in England (London: Piatkus, 2009), S. 186–8.

20 Dunne, J. u. a., ›Reconciling organic residue analysis, faunal, archaeobotanical and historical records: Diet and the medieval peasant at West Cotton, Raunds, Northamptonshire‹, Journal of Archaeological Science, 107 (2019), S. 58–70. https://doi. org/10.1016/j.jas.2019.04.004

21 Langland, W., Peter der Pflüger (The Visions of William concerning Piers the Plowman), aus dem Mittelenglischen übersetzt von Werner Klett (Köln: Schröder, 1935), S. 66.

22 Moubray, A Practical Treatise on breeding, rearing and fattening all kinds of Domestic Poultry, Pheasants, Pigeons and Rabbits, S. 2.

23 Zitiert nach Hardouin de Péréfixe de Beaumont in Histoire du Roy Henry le Grand (Paris: Edme Martin, 1662).

24 Horowitz, S., Putting Meat on the American Table (Baltimore, MD: Johns Hopkins University Press, 2006), S. 103.

25 Tanner, G. C., Consular Reports: Commerce, Manufactures, Etc. Bd. 8 (United States Bureau of Foreign Commerce, 1882), S. 39–41.

26 US Bureau of the Census, Historical Statistics of the United States, Colonial Times to 1957 (Washington, D. C., 1960), S. 122–3.

27 Platt, F. L. zitiert in Squier, S. M., Poultry Science, Chicken Culture. A Partial Alphabet. (Brunswick, NJ: Rutgers University Press, 2011).

28 Williams, W. H., Delmarva's Chicken Industry: 75 years of progress (Delmarva Chicken Association, 1998).
29 Bennett, C. E. u. a., ›The broiler chicken as a signal of a human reconfigured biosphere‹, Royal Society Open Science (Dez. 2018). https://doi.org/10.1098/rsos.180325
30 The Chicken of Tomorrow Contest, documentary (1948). www.youtube.com/watch?v=RrAV4zmZa-w
31 National Chicken Council, ›U.S. Broiler Performance 1925 to Present‹. www.nationalchickencouncil.org/about-the-industry/statistics/u-s-broiler-performance/
32 Bennett, ›The broiler chicken as a signal of a human reconfigured biosphere‹.
33 Ebd.
34 Ebd.
35 Baéza, E. u. a., ›Influence of increasing slaughter age of chickens on meat quality, welfare, and technical and economic results‹, Journal of Animal Science, 90:6 (2012). https://doi.org/10.2527/jas.2011-4192
36 https://www.oekolandbau.de/landwirtschaft/tier/spezielle-tierhaltung/gefluegel/mastgefluegel/oekologische-haehnchenmast/haltung/

PIONIERE

1 Hunter, J., Natürliche Geschichte der Zähne und Beschreibung ihrer Krankheiten, aus dem Englischen übersetzt (Leipzig: Weidmann und Reich, 1780), S. 137, https://wellcomecollection.org/works/ktxj9j5r/
2 Ebd. S. 257
3 Hunter, J. with notes by Bell, T., Treatise on the natural history and diseases of the human teeth: explaining their structure, use, formation, growth, and diseases, in two parts (Philadelphia: Haswell, Barrington, and Haswell, 1839), S. 100–1.
4 ›History of Smallpox‹, Centers for Disease Control and Prevention: U.S. Department of Health & Human Services. www.cdc.gov/smallpox/history/history.html

5 Norkin, L. C., ›Ernest Goodpasture and the Egg in the Flu Vaccine‹ (2014). https://norkinvirology.wordpress.com/2014/11/26/ernest-goodpasture-and-the-egg-in-the-flu-vaccine/

6 Jacobson, T., ›Chickens and eggs: On the »Edison of Medicine« and his contribution to the study of vaccines‹, The New Criterion (1. April 2020). https://cet.org/wp-content/uploads/2020/04/New-Criterion-CET-Chickens-and-eggs-coronavirus.pdf

7 Hoyt, K., ›Vaccine Innovation: Lessons from World War II‹, Journal of Public Health Policy, 27:1 (2006), S. 38–57. http://www.jstor.org/stable/3879064

8 Ebd.

9 Doshi, P., ›Trends in recorded influenza mortality: United States, 1900–2004‹, American Journal of Public Health, 99:8 (Aug. 2009), S. 1353–4. PMID: 18381993. www.ncbi.nlm.nih.gov/pmc/ articles/PMC2374803/

10 Yeung, J., ›The US keeps millions of chickens in secret farms to make flu vaccines. But their eggs won't work for coronavirus‹, CNN Health (29. März 2020). https://edition.cnn.com/2020/03/27/health/chicken-egg-flu-vaccine-intl-hnk-scli/ index.html

11 ›Changing dynamics in global poultry production‹, Poultry World (6. Juli 2010).

12 Gilbert, M., Slingenbergh, J. und Xiao, X., ›Climate change and avian influenza‹, Revue scientifique et technique (International Office of Epizootics), 27:2 (2008), S. 459–66.

13 United States Government Accountability Office, ›AVIAN INFLUENZA: USDA Has Taken Actions to Reduce Risks but Needs a Plan to Evaluate Its Efforts‹, Report to Congressional Requesters (April 2017). www.gao.gov/assets/gao-17-360.pdf

14 ›Genetically modified chicken's eggs offer hope for cheaper drug production‹, Pharmaceutical Technology (28. Januar 2019). www. pharmaceutical-technology.com/news/genetically-modified-chicken-eggs/

15 https://en.wikipedia.org/wiki/Chick_culling

16 https://www.bmel.de/DE/themen/tiere/tierschutz/tierwohl-forschung-in-ovo.html

17 www.theguardian.com/commentisfree/2014/jan/17/would-you-prefer-to-eat-genetically-modified-eggs-or-see-day-old-chicks-destroyed

18 www.bbc.com/future/article/20171010-how-chicken-feathers-could-warm-our-homes

19 https://plantscience.agri.huji.ac.il/avigdor-cahaner/research-projects

20 Rotenberk, L., ›Flock Star: From Computers to Cars, Chicken Feathers Are Everywhere‹, Modern Farmer (28. Februar 2014). https:// modernfarmer.com/2014/02/chicken-feathers/

21 Hazen, H. A., ›The Tornado: Appearances; Lieut. Finley's Views‹, Science, 15 (23. Mai 1890), S. 311. https://archive.org/details/ jstor-1766014

22 Vonnegut, B., ›Chicken Plucking as Measure of Tornado Wind Speed‹, Weatherwise, 28:5 (1975), S. 217. https://doi.org/10.1080/00431672.1975.9931768

23 Bacon, F., The Works of Francis Bacon: Miscellaneous writings in philosophy, morality and religion, hg. v. M. Jones (London, 1815).

24 Aubrey, John, Mr John Aubrey's, Esq. Lebens-Entwürfe, Deutsch von Wolfgang Schlüter (Frankfurt/M.: Eichborn, 1994), S. 37.

25 Bacon, The Works of Francis Bacon.

26 Thomas, L., ›The Shivering Chicken of Highgate‹, The Evening News (10. Dezember 1957), S. 6.

27 ›OECD-FAO Agricultural Outlook 2021–2030‹. www.oecd-ilibrary.org/agriculture-and-food/oecd-fao-agricultural-outlook-2021-2030_19428846-en

28 Ritchie, H. und Roser, M., ›Meat and Dairy Production‹, Our World in Data (2019). https://ourworldindata.org/meat-production

29 World Agriculture: Towards 2015/2030 – An FAO perspective, The Food and Agriculture Organization of

the United Nations (2002). www.fao.org/3/y4252e/y4252e05c.htm

30 www.bbc.co.uk/news/science-environment-28858289

31 https://sustainablefoodtrust.org/articles/we-need-to-talk-about-chicken-new-report-highlights-the-problems-with-intensive-chicken-production/

32 https://www.wwf.de/themen-projekte/landwirtschaft/produkte-aus-der-landwirtschaft/soja/soja-als-futter mittel

33 https://dserver.bundestag.de/btd/19/233/1923345.pdf

34 www.theguardian.com/society/2022/jan/20/antimicro bial-resistance-antibiotic-resistant-bacterial-infections-deaths-lancet-study

35 https://www.europarl.europa.eu/RegData/etudes/ID AN/2019/644195/EPRS_IDA(2019)644195_DE.pdf (abgerufen am 16.8.23)

36 https://www.landwirtschaft.de/landwirtschaftliche-pro dukte/wie-werden-unsere-lebensmittel-erzeugt/tieri sche-produkte/gefluegelfleisch (abgerufen am 16.8.23)

37 In Deutschland gibt es inzwischen jede Menge Siegel auf den Verpackungen, die unter anderem über das sogenannte Tierwohl informieren sollen. In der »Initiative Tierwohl« verpflichten sich laut Eigenauskunft »Partner aus Landwirtschaft, Fleischwirtschaft, Lebensmittelhandel und Gastronomie zu ihrer gemeinsamen Verantwortung für Tierhaltung, Tiergesundheit und Tierschutz in der Nutztierhaltung« (https://initiative-tierwohl.de). Mit der freiwilligen Angabe der Haltungsform in vier Stufen klärt der Handel über die Bedingungen der Fleischproduktion auf, dabei steht die 4 für den höchsten Tierwohlstandard, der auf ökologische Haltung zutrifft (https://www.haltungsform.de). Das EU-Biosiegel definiert die Mindeststandards für die Biohaltung (https://agriculture.ec.europa.eu/farming/organic-farming/organic-logo_de), die Kriterien der einzelnen Bioanbauverbände (wie Naturland, Bioland, Demeter) sind teilweise noch strenger.

38 Chiandetti, C. und Vallortigara, G., ›Intuitive physical reasoning about occluded objects by inexperienced chicks‹, Proceedings of the Royal Society B., 278:1718 (Januar 2011), S. 2621–7. http://doi.org/10.1098/rspb.2010.2381

39 www.psychologytoday.com/gb/blog/smarter-you-think/202101/counting-chickens-right-after-they-hatch

40 Marino, L., ›Thinking chickens: a review of cognition, emotion, and behavior in the domestic chicken‹, Animal Cognition, 20 (2017), S. 127–47. https://doi.org/10.1007/s10071-016-1064-4

41 Ghirlanda, S., Jansson, L. und Enquist, M., ›Chickens prefer beautiful humans‹, Human Nature, 13:3 (Sep. 2002), S. 383–9. https://doi.org/10.1007/s12110-002-1021-6

42 Marino, ›Thinking chickens‹.

43 www.scientificamerican.com/article/the-startling-intelligence-of-the-common-chicken/

Über die Autorin

SALLY COULTHARD ist britische Bestsellerautorin zahlreicher Naturliebhaberbücher. Nach dem Studium der Archäologie und Anthropologie in Oxford und einem kurzen Ausflug in die Welt der Fernsehproduktionen zog es sie zurück nach Yorkshire. Sie betreibt mit ihrer Familie eine kleine Farm und schreibt ihre Bücher vorzugsweise im Schuppen des Obstgartens. Zuletzt erschien »Das Buch des Regenwurms«, eine Hommage an das am meisten unterschätzte Tier dieser Erde.

sallycoulthard.co.uk